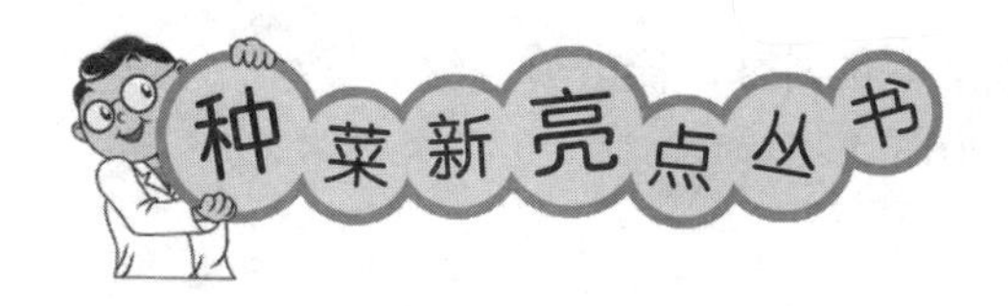

山地蔬菜生产必读必胜

杨新琴　徐云焕　主编

中国农业出版社

图书在版编目（CIP）数据

山地蔬菜生产必读必胜 / 杨新琴，徐云焕主编 . —北京：中国农业出版社，2015.8
（种菜新亮点丛书）
ISBN 978-7-109-20814-8

Ⅰ. ①山… Ⅱ. ①杨… ②徐… Ⅲ. ①蔬菜－山地栽培 Ⅳ. ①S63

中国版本图书馆 CIP 数据核字（2015）第 191996 号

中国农业出版社出版
（北京市朝阳区麦子店街 18 号楼）
（邮政编码 100125）
责任编辑 徐建华

中国农业出版社印刷厂印刷 新华书店北京发行所发行
2015 年 9 月第 1 版 2015 年 9 月北京第 1 次印刷

开本：850mm×1168mm 1/32 印张：6
字数：145 千字
定价：25.00 元

编 写 人 员

主　　编　杨新琴　徐云焕

副 主 编　周锦连　胡美华　王高林　吕文君

编写人员　（以姓氏笔画为序）

王高林　吕文君　杜叶红　杨新琴

吴学平　吴爱芳　何润云　张志军

邵泱峰　陈加多　陈银根　陈菊芳

陈能阜　周锦连　周慧芬　胡美华

高安忠　徐云焕

前 言

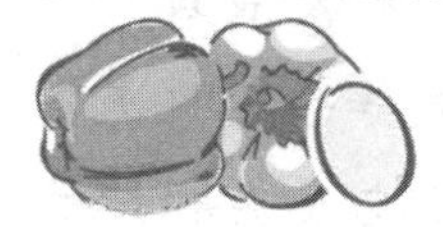

改革开放以来，我国蔬菜产业发展迅速，在保障市场供应、增加农民收入等方面发挥了十分重要的作用。各地“高山蔬菜”的发展，丰富了蔬菜淡季市场供应，促进了山区农民增收。以浙江省为例，“十一五”以来，浙江充分利用丰富的山地资源优势，突破“高山”局限，实施以“特色精品、生态高效”为特征的“山地蔬菜”发展战略，山区蔬菜生产从高海拔区域向中、低海拔区域全面拓展，培育形成了以茄果类、豆类、瓜类蔬菜及水生蔬菜为重点的浙中、浙西南山地蔬菜产业带，为优化浙江蔬菜产业布局，确保蔬菜产业可持续发展，促进蔬菜市场均衡供应发挥了积极作用。目前，浙江省“山地蔬菜”面积 10 万公顷，产量 280 万吨，产值65 亿元以上，已成为浙江山区农业增效、农民增收的支柱产业。

我们在“山地蔬菜”规划建设、提升发展实践中探索创新，积累了一些经验和方法。本书立足解决实际问题，以问答的方式，分为“概述、生产设施与配套技术、主要蔬菜生产技术、高效种植模式及病虫害综合防治”5个部分，重点介绍浙江“山地蔬菜”发展过程中研究提出和集成应用的高产、提质、增效等全局性关键技术和措施。全书内容主要面向基层农技人员和广大菜农。

浙江的先进技术和经验对全国有关地区有很高的或较高的参考价值，对与浙江生态条件差异较大的地区亦有一定的参考价值。

本书的编写出版，得到了浙江省农业厅的大力支持，李国景、王汉荣、陈可可研究员参与了本书有关内容的审核修改，在此一并表示感谢。

由于作者水平有限，加之编写时间仓促，书中难免存在疏漏和不足之处，恳请广大读者提出宝贵意见。

编　者

2015年5月

目录

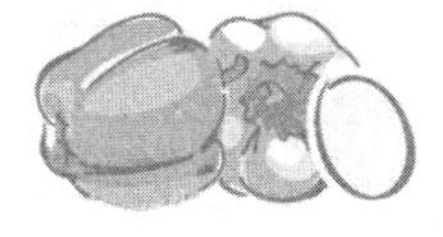

前言

一、概　述

1. 什么是山地蔬菜?

“山地蔬菜”是指在山区（含丘陵）不同海拔高度的山间地、山坡地和山顶台地生产的蔬菜。“山地蔬菜”包括“高山蔬菜”，是“高山蔬菜”概念的扩展和延伸。“山地蔬菜”生产充分利用山区土地、劳动力和优良的生态环境资源，突破“高山蔬菜”局限，向生产区域更广、资源更丰富、季节更长、效益更好的方向发展，真正实现山区农业资源的“升值”“增值”。

2. 发展山地蔬菜有什么优势?

主要有三方面优势：一是土地资源丰富，发展空间广阔。浙江山区有 400 万亩[①]以上适合蔬菜种植的山地，目前已开发的山地蔬菜面积仅 150 万亩，发展潜力巨大。二是生产季节互补，市场需求迫切。我国南方夏秋高温季节，平原地区蔬菜生产茬口交替，高温干旱和台风暴雨等灾害性天气频发，常常出现蔬菜“伏淡”，此时，山区气候凉爽，适合蔬菜生长，在不同海拔区域生产不同类型、多种种植茬口“山地蔬菜”，可有效弥补蔬菜淡季市场供应。三是生态环境独特，综合品质优异。山区空气清新、

① 亩为非法定计量单位，1 亩≈667 米^2，全书同。——编者注

水质洁净，环境优良，为发展绿色、生态、有机蔬菜提供了独特的自然条件。同时，山区昼夜温差较大，利于蔬菜作物养分积累，因而山地蔬菜可溶性固形物含量高、产品品质佳，深受广大消费者青睐。如浙江新昌县“回山茭白有点甜”，在上海、武汉颇得好评。

3. 发展山地蔬菜需哪些基本条件？

鉴于山地特殊的地理位置和环境，种植山地蔬菜重点应考虑以下几个基本条件。一是充足洁净的水源。水往低处流，山地易缺水。蔬菜生长需水量较大，必须选择有稳定水源的区域发展山地蔬菜，有山塘水库的更好。二是畅通便捷的道路。山地蔬菜生产区域应具有连接外部交通枢纽的道路，以及田间主干道、操作道等，确保蔬菜产品和生产物资运输便捷。三是相对稳定的劳动力。蔬菜生产花费劳力较多，且生产技术要求较高，而山区引进外来劳动力较难，应培育当地稳定的菜农队伍。四是带动能力较强的经营主体。山地蔬菜基地大多地处偏远，蔬菜销售路径较长，尤其需要具有产业化经营能力的主体带动。以公司＋农户、合作社＋农户等多种形式，拓展蔬菜生产、加工、销售渠道，延长产业链，提高附加值，解决一家一户分散种植销售难题。五是足够的供电能力。山地蔬菜基地杀虫灯以及田间冷藏库、产品分级、包装配套等设备，均需要用电保证，必须配套建设农用电力设施。

4. 山地蔬菜生产为什么需要“微蓄微灌”？

种植山地蔬菜是山区发展效益农业、增加农民收入的重要途径。但是山区受自然条件限制，山地蔬菜立地条件多数较差、灌溉设施薄弱且水资源紧缺，因干旱歉收或绝收现象时有发生，产量与品质缺乏有效保障。缺水、灌溉困难是制约山地蔬菜持续健康发展的主要因素。山地“微蓄”可以集蓄丰水期自然流失的细小水源，做到“以丰补歉”“小水大用”，增强抗干旱能力；滴灌系统利用自然落差实现节能灌溉，一只 100 米^3 蓄水池一次能灌溉 50 亩菜地，可有效解决山区、半山区用电不便的问题。实践证明，“微蓄微灌”使山区大量的“靠天田”变成旱涝保收的“致富田”，能有效提升山地蔬菜的产量与品质，在旱季缺水时发挥积极关键的作用。

5. 如何选择适宜山地栽培的蔬菜品种？

山地蔬菜生产区域，应根据不同蔬菜种类和品种对生态环境的要求、不同海拔地区的气候特点、土壤理化性质，因地制宜选择适栽的蔬菜良种。同时，还应考虑蔬菜是鲜嫩产品，且市场价格多变、供求矛盾转化快，容易出现卖难等问题，结合各地原有种植习惯、品种结构及目标市场对蔬菜品种与质量的需求特点，通过专业化、规模化种植，培育形成特色鲜明的山地蔬菜优势产品基地。同一区域的山地蔬菜，种类不宜过多，重在特色优势，便于扩大影响，有利产品销售。为避免出现产品季节性过剩、鲜销价格波动剧烈等情况，偏远山区还可发展鲜销与加工相结合的蔬菜，如松花菜、豇豆、萝卜等，以提高市场应变能力，最大限度地减少种植风险。

6. 山地蔬菜怎样合理安排种植茬口？

充分利用山区夏秋气候凉爽、昼夜温差大的自然环境条件和不同蔬菜的生长习性，科学合理地安排种植茬口，是山地蔬菜丰产丰收的基础。

通过高、中、低海拔区域蔬菜品种搭配、播期选择、茬口安排，可形成单一蔬菜长季栽培、多种蔬菜多茬栽培及菜粮轮作等种植模式，丰富山地蔬菜种类。安排山地蔬菜种植茬口时要根据各种蔬菜生物学特性、基地生产环境条件及蔬菜市场需求等因素综合分析，确定最佳播种期。注意不同蔬菜的合理轮作，避免连作障碍。特别是瓜类、豆类、茄果类等，应实行“菜菜轮作”或“菜粮轮作”。另外，合理的间套作也是实现“山地蔬菜”高产稳产和品种多样化的有效途径。浙江高海拔区域山地可进行番茄、菜豆等蔬菜长季栽培，也可选择莴笋、芹菜等喜冷凉型蔬菜，建立“萝卜—芹菜—莴苣”“莴苣—芹菜—莴苣”等多茬种植模式，中、低海拔区可建立“马铃薯—瓠瓜—菜豆”“黄瓜套种菜豆”“茄子—水稻”等种植模式。

二、生产设施与配套技术

7. 什么是山地“微蓄微灌”？

山地“微蓄微灌”是为保障山地蔬菜应急用水而开发的简易灌溉系统，主要由蓄水池和配套灌溉设施两部分组成。在目标灌溉区上方，选择灌溉落差10米以上的合适地点，建造单个容积50～120米^{3}的蓄水池，用水管连接微滴灌装置，形成独立的灌溉系统。通过收集地面径流或引山涧溪流完成蓄水，使用时利用自然高差产生的水压即可自流灌溉。

“微蓄微灌”系统基本结构示意图见下页。

特别提示：山地“微蓄微灌”应用效果

“微蓄微灌”技术具有“省工节本、灌溉效果好、增产增效明显”等优点，具体说：第一是节水。水资源利用率可达95%以上。第二就是省工。完全不用肩挑手浇，只要轻轻松松扭一扭开关就可以了。第三是灌溉质量好。可以定时定量灌溉，且均匀度高，灌溉后能较好地保持土壤疏松、减轻土壤板结，有利于农作物的生长。第四是改善蔬菜地的生产环境。与沟灌相比，可有效防止养分流失，能明显降低田间环境湿度，减少病害发生。沟内干燥，劳动操作方便。第五是节能。自流灌溉。

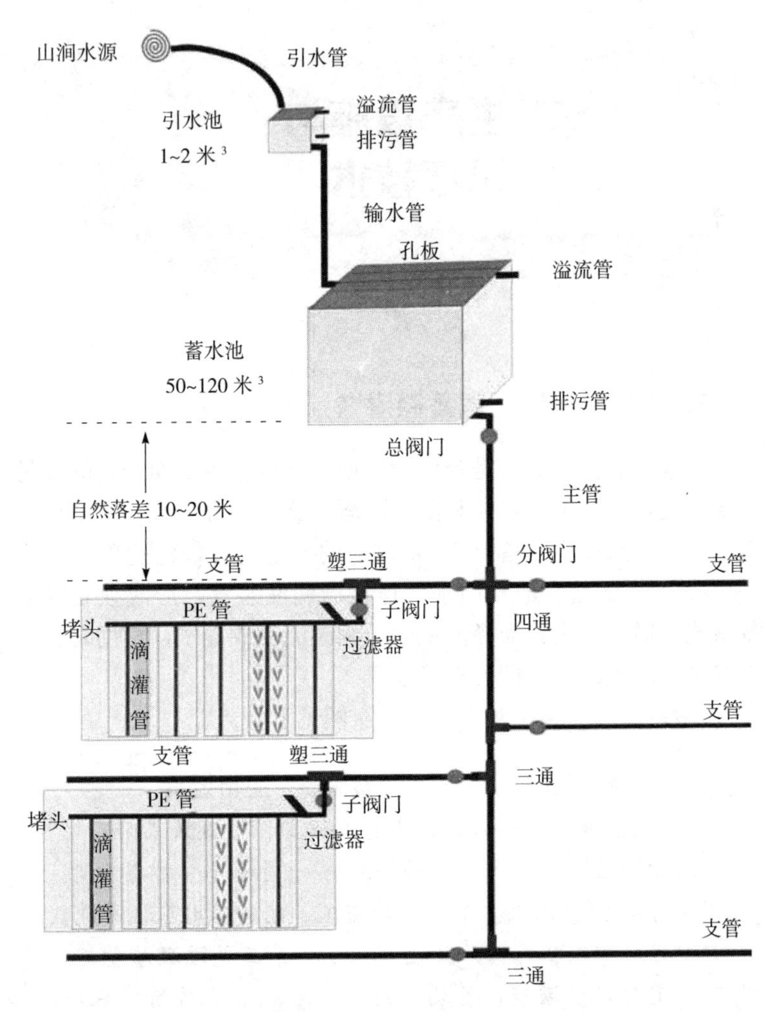

微蓄微灌系统基本结构示意图

8. 山区如何进行引水蓄水?

选择蔬菜基地附近植被较好，干旱季节不易断流的山溪水源，根据实践情况也可以选建多个引水（源）点，配一个蓄水池。在蓄水之前，溪水需通过引水池过滤、沉淀泥砂及枝叶。引水池用钢筋混凝土或砖砌建造，容量以 3～10 米^3 为宜，上方有平水口、进水口，底部埋清洗管口，立地式或半地下式均可。连接引水池与蓄水池的地下引水管口径一般为 1～2 寸[①] PE 塑料管，既要保证有充足引水量，又要经济合理。铺设引水管时，应尽量顺坡而下，避免起伏太大，引水管地下埋设深度宜在 40 厘米以上，避免水管裸露，同时要求水管接口紧密、没有渗漏。

9. “微蓄微灌”系统中蓄水池建造有什么要求？

蓄水池与灌溉菜地的落差宜在 10～20 米左右。蓄水池的容量根据水源大小、需灌溉面积确定，一般以 50～120 米^3 为宜。蓄水池建造质量要求较高，最好采用钢筋混凝土结构，池体应深埋地下，露出地面部分以不超过池体体积的三分之一为宜，既可确保水池牢固，又可节约建池成本，建池时配套装好供水阀、洗池阀，并选好排水管出口。蓄水池建成后宜加盖池顶，树告示牌，以确保安全和水质。

10. “微蓄微灌”系统中输水管路如何设置？

输水主管与蓄水池底部的供水主阀门连接，将蓄水池中的水输送到需灌溉田块，其地下埋设深度宜在 40 厘米以上，一般不宜埋在沟边路中，以防损坏。根据灌溉输水需要安装各级分管和分阀门，到每一田块再安装子阀门，以便于调节水压和分区灌溉管理。子阀门出口安装过滤器后再与田间的微灌系统相连。每畦铺设滴灌带 1 条，畦面宽的可铺设 2 条，滴灌带长度一般不超过 50 米。

---

① 寸为非法定计量单位，1 寸≈3.3 厘米。

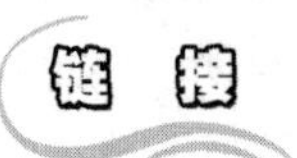

“微蓄微灌”应用实例

浙江临安市清凉峰镇浪广村是一个典型的山地蔬菜专业村，与其他地方并无两样，可当地村民有一项引以为豪的山地蔬菜高效节水“微蓄微灌”技术。2003 年，该村遭遇连续 50 多天大旱，其“微蓄微灌”技术示范基地蔬菜无灾情，村民尝到甜头后，“微蓄微灌”技术应用面积逐步发展到 500 余亩，同时有力推动了该技术在临安市的广泛应用。2013 年浙江全省夏季持续高温、旱情严重，临安“微蓄微灌”技术应用基地再一次经受住了考验，植株生长健旺，果菜硕果累累，与非微灌区形成了鲜明的对照，增产增收效果十分显著。

11. “微蓄微灌”系统如何管护？

新建成的“微蓄微灌”系统首次使用时，要防止安装时进入管道的杂物堵塞滴灌孔。可先放开滴灌管末端的堵头，充分放水冲洗滴灌系统，把安装过程中积聚的杂质冲洗干净。

管护要求：一是要求蓄水池上方加盖防护或覆盖遮阳网，防止杂物进入及藻类繁殖而造成系统堵塞。二是定期检查过滤器，及时清除过滤器滤网内积聚的杂质，防止堵塞，发现过滤器滤网损坏时要及时更换。三是注意滴灌管的安装与护理，应保持管壁滴孔朝上，使灌溉水中的少量杂质沉淀在管子的底部；滴灌一般使用 5 次后要放开滴灌管末端堵头冲洗积聚在管内的杂质，肥水同灌后必须用清水冲洗 5 分钟左右；日常农事操作应尽量避免滴灌管损伤，防止尖锐物扎破及重压磨损管壁，灌水时要防止压力过大而造成滴灌管胀破。

特别提示："微蓄微灌"系统中过滤器必不可少

筛网式过滤器能过滤管道中杂质，保持滴灌孔通畅，是滴灌系统长期安全使用的重要保障。灌溉区块的子阀门出口安装过滤器后再与地面的微灌系统相连，不安装过滤器或者过滤器损坏，可能会造成滴灌管堵塞而报废。

12. 种植山地蔬菜前如何改良土壤？

山区土壤以红黄壤为主，土层瘠薄，透气性差，排水困难，容易在犁底层形成上层积水，影响蔬菜根系向下生长，还会因土壤缺氧导致沤根。一般菜地土壤有效磷含量为70～100微克/千克，山区土壤有效磷含量较低，一般速效磷不足40微克/千克，缺磷严重的地区速效磷仅为10微克/千克左右，达不到种植蔬菜的要求。山地土壤因酸性强、排水不良等特点，易引发青枯病、枯萎病等土传病害。因此，在种植蔬菜之前，山地土壤应进行土壤改良。一要深翻土壤，土壤翻耕深度应达30厘米左右，打破犁底层，加深耕作层，使水分及肥料分布范围扩大，以利蔬菜植株根系生长。二要通过施生石灰调节土壤酸碱度，提高土壤养分的有效性，同时抑制病菌滋生。缺磷的酸性土壤，重施磷肥可达到供磷和降酸的双重目的，一般可亩施钙镁磷肥50千克、生石灰50～100千克。三要深施有机肥，以增加土壤中有机质含量，促进土壤团粒结构形成，改善土壤理化性质，为根系生长提供良好的土壤环境条件。

13. 山地蔬菜设施栽培有何作用？

山地蔬菜露地栽培对温度、湿度等环境变化比较敏感，特别是对恶劣天气的抵御能力较弱，易引发病菌的滋生和蔓延，从而影响山地蔬菜的产量与品质。如山区露地栽培的番茄，受夏秋多雷雨天气等影响，病害发生较多，且因水分供应不均，裂果现象严重，优质商品率较低，产量不稳不高，生产效益受到较大影响。发展适合山地蔬菜生产的设施栽培，能有效改善蔬菜生长环境，增强山地蔬菜的抗灾避灾能力，从而提高产量、品质与效益。早春可利用山地设施提早播种育苗，培育壮苗，提高成苗率和秧苗质量，有利于蔬菜产品提早采收和延长采收期，提高产量效益。高海拔区域采用设施避雨栽培方式种植番茄，可有效解决番茄裂果和病害多发问题。中、低海拔区域夏秋高温季节采用设施遮荫降温栽培，可实现芹菜、莴苣等喜冷凉型蔬菜提早播种育苗和提早采收上市，既能丰富蔬菜淡季市场，又能提高生产效益。需要注意的是，山地大棚设施搭建区域应避风向阳、远离风口、交通和灌溉便利，同一大棚地块要求地面平整、走向平缓，便于操作。切忌在风口、洪水流经的地块搭建大棚，以降低山谷风、山洪水带来的风险，提高避灾抗灾能力。

14. 山地蔬菜设施有哪些类型？

根据山地蔬菜栽培目的要求，其设施主要包括棚架、防虫网、遮阳网、保温防冻设施设备等。棚架根据类型不同可分为大棚、中小棚、小拱棚等。目前生产上应用的大棚，按棚架材料分有钢管大棚、竹架大棚和钢竹混合型大棚。按棚型结构可分为单栋大棚和连栋大棚。就棚型结构而言，目前主推的以装配式镀锌薄壁钢管大棚为主。大棚一般按南北向延长建造，采光较均匀。钢管大棚拱杆应使用优质钢管，主要构件应进行表面热浸镀锌处理，钢管镀锌层厚度为0.045毫米以上，其他连接件也要作镀锌防锈处理。山地大棚设施，要注意防范雪压、台风及龙卷风等极端天气危害，采取扒雪、设立柱、加固压膜线、闭棚等相应措施。在风力较大的区域建造大棚，为提高抗风能力，可使用隧道式大棚骨架，适当降低顶高，采取两头通风降温。同时，为提高通风效果及防雪灾能力，长度一般不超过25米。

15. 什么是网膜覆盖栽培？

采用防虫网和农膜相结合的覆盖方式，即棚架顶盖农膜，四周围防虫网，称作网膜覆盖栽培。网膜覆盖，避免了雨水对土壤的冲刷，既可保护土壤团粒结构、降低土壤湿度，又能起到防虫隔离的作用；尤其在连续阴雨或暴雨天气，可明显降低棚内湿度，减轻软腐病的发生。但遇晴热天气，应注意防止棚内高温危害。网膜覆盖，可利用前茬夏菜栽培的旧膜，降低成本。

网膜结合覆盖栽培主要应用于山地茄果类、瓜类、豆类等蔬菜生产及育苗。采用网膜覆盖栽培夏秋西、甜瓜及豇豆等豆类蔬菜，防虫效果明显，可减轻蚜虫传播病毒病的危害，大大降低病毒病发生率，栽培成功率大幅度提高。采用22目银灰色防虫网覆盖栽培豇豆，喷药次数和农药用量大幅减少，产量产值明显增加，不仅可避免农药污染，还能有效解决连续采收蔬菜农药使用安全间隔期控制难题。

目前大棚膜种类见下表，主要推广应用功能性棚膜，如EVA多功能薄膜等，其使用寿命、保温性、无滴性等方面有明显改进。

表1　农用薄膜主要使用性能表

<table>
<tr><th>类别</th><th>产　品</th><th>原　　料</th><th>薄膜厚度（毫米）</th><th>使用期限</th><th>薄膜特性</th><th>主要用途</th></tr>
<tr><td rowspan="4">棚膜</td><td>普通棚膜</td><td>高压低密度聚乙烯</td><td rowspan="4">0.04～0.12</td><td>3～6个月</td><td></td><td>覆盖小棚、做大棚边膜</td></tr>
<tr><td>防老化薄膜</td><td>防老化剂+高压低密度聚乙烯</td><td rowspan="3">1～2年</td><td>耐老化</td><td rowspan="3">大棚顶部覆盖</td></tr>
<tr><td>多功能薄膜</td><td>防老化剂+红外阻隔剂+无滴剂+高压低密度聚乙烯</td><td>耐老化、保温、无水滴</td></tr>
<tr><td>EVA多功能薄膜</td><td>防老化剂+红外阻隔剂+无滴剂+高压低密度聚乙烯+EVA树酯</td><td>耐老化、无水滴、高保温</td></tr>
<tr><td rowspan="2">地膜</td><td>普通地膜</td><td>高压低密度聚乙烯</td><td>0.01～0.015</td><td rowspan="2">1个生产周期</td><td></td><td rowspan="2">畦面覆盖</td></tr>
<tr><td>超薄地膜</td><td>线性聚乙烯</td><td>0.004～0.006</td><td>强度较高</td></tr>
</table>

16. 如何选择遮阳网？

遮阳网是采用耐老化聚乙烯拉丝编织而成的，具有遮荫降温作用的网状覆盖物。遮阳网一般为黑色，也有绿色、银灰色等，主要用于夏秋高温季节的蔬菜育苗和栽培遮荫降温，覆盖后降温效果比较明显。在阳光直射条件下使用遮阳网，可使地面温度下降 5～10℃、网内空间气温下降 2～3℃，同时兼有缓解暴雨冲刷的作用。遮阳网也可用于冬季覆盖保温防冻。银灰色遮阳网还具有避蚜作用，防止虫媒病害传播，尤其是对阻止害虫迁移起到一定的作用。

遮阳网一般每一个密区为 25 毫米，编 8 根、10 根、12 根、14 根和 16 根，产品规格见表 2。

遮阳网的宽度规格有 90 厘米、150 厘米、160 厘米、200 厘米、220 厘米、250 厘米。使用以 12 根和 14 根两种规格为主，宽度以 160～250 厘米为宜，每平方米质量 45～49 克，使用寿命为 3～5 年。

表 2　遮阳网规格分类及遮光率（%）

规格	黑色网	银灰色网
SIW8	20～30	20～25
SIW10	25～45	25～40
SIW12	35～55	35～45
SIW14	45～65	40～55

17. 如何选择防虫网？

防虫网是采用聚乙烯拉丝编织而成的白色网状物，塑料细丝通过防老化处理，使用寿命可达 2 年以上。防虫网目多少、大小与防虫、通风效果有关，目数少，孔径大，防虫效果差，但通风效果好；目数多，孔径小，防虫效果好，但通风效果受影响，棚内温、湿度也会相应提高。因此，选择防虫网时要兼顾防虫和通风效果，生产上常用规格为20～30目，但防止烟粉虱等个体较小的害虫，宜选用40目以上的矩形防虫网。防虫网主要用于蔬菜防虫隔离栽培、无病虫育苗及脱毒苗培育，可采用全网覆盖或网膜结合覆盖方式。

18. 防虫网覆盖栽培应注意哪些事项？

应用防虫网覆盖栽培，能改善蔬菜生长环境，有效阻隔害虫直接进入棚内危害或产卵，避免虫媒病毒病传播，培育壮苗，减少农药用量，生产优质安全蔬菜。但如果使用不当，也会造成棚内温度湿度过高，导致减产减收。应用防虫网覆盖栽培，应重视蔬菜品种选择、防虫网规格选定及相关配套技术应用。

（1）*合理选用蔬菜品种*　防虫网覆盖栽培山地蔬菜主要在夏秋高温季节，应选用耐湿、抗病蔬菜品种。

（2）*科学确定防虫网种类与规格*　防虫网目数增加，网内温度提高，通风通气性能较差。白色网覆盖较银灰色网和黑色网易增温，银灰色具有避蚜作用，山地蔬菜生产上建议选用20～22目银灰色网。

（3）*灵活运用覆盖方式*　全网覆盖和网膜覆盖均有避虫、防病、增产等作用，但对各种异常天气适应能力不同，应灵活运用。全网覆盖通气性能好，抗风能力也强，但若遇连续阴雨或暴雨，会造成棚内湿度过大，影响蔬菜生长。网膜覆盖能避雨，可以起到保护土壤、降低棚内湿度、避雨防虫的作用，但应注意高温晴热天气棚内温湿度的调控。因此，在高温、少雨、多风或强台风频发的夏秋天，宜采用全网覆盖栽培；在梅雨季节、或连续阴雨天气，可采用网膜覆盖栽培。

（4）*全过程覆盖防虫网*　为切断害虫危害途径，整个生育时期都覆盖防虫网，而且应先盖网后播种。盖网前深翻土壤。覆网时，防虫网的四周用土压严，防止害虫潜入产卵。播种前进行土壤消毒，杀死残留在土壤中的害虫和虫卵。

(5) *加强田间管理* 防虫网覆盖栽培山地茄果类、瓜类等生产期长的蔬菜，要加强农业防治，注意合理整枝，加强通风透光，减少病害发生，最好采用微滴微喷，尽量减少进入网内操作次数。进出网时要及时拉网盖棚，减少害虫侵入机会。经常巡视田间，及时摘除挂在网上或田间的害虫卵块，检查网、膜有否破损，并及时修补。全网覆盖的，遇连续阴雨天气要加盖一层薄膜。晴热高温天气，不论采用何种覆盖方式，都要采取遮阳、增加灌水等降温措施。

19. 如何正确覆盖地膜?

覆盖地膜具有增温保墒的作用，黑色地膜或双色地膜可防杂草、降温，银灰色膜还具有避蚜的功能。应根据畦宽选用幅宽、厚度合适的地膜，有正反面的应注意不能盖反，两端及两边用土压紧，防止被风吹破。铺地膜时要注意保持畦面成龟背形，畦中间稍高，畦两边略低；膜要拉紧、铺平，膜四周和栽培穴处用土封严、压实。移栽的，及时用土封住定植口；直播的，待种子出苗后及时破膜引苗，并用土封住破膜口，提高地膜的增温保墒性能，同时可防止地膜下热气烫伤幼苗。若结合应用膜下滴灌，不仅可降低田间湿度，而且能适时适量灌溉追肥，有利于提高产量改善品质。

20. 山地蔬菜栽培采用畦面覆盖有什么好处?

山地蔬菜栽培宜畦面覆盖地膜或干草。地面覆盖栽培可以调节土壤温度，前期地膜覆盖可提高地温利于作物根系生长；后期畦面覆盖可以保水、保肥，防止雨水冲刷土壤，避免土壤板结，保持土壤疏松；梅雨季节结束前定植或直接播种的瓠瓜、西瓜、四季豆等覆盖地膜，有利于保墒，促进植株早发；高温季节再覆盖干草（杂草、稻草、麦秆等），可缓解高温辐射，有利于降低土温。另外，地面覆盖还有利于减少杂草、减轻病虫危害，干草腐烂后还可以增加土壤有机质含量。因此，山地蔬菜铺草或覆盖地膜不仅是一项护根技术，也是一项生态环保型配套栽培技术。

21. 常见地膜有哪些类型?

地膜种类很多，随着塑料工业科技发展，应用于农业生产的地膜种类不断更新和增加，有育秧地膜、无滴地膜、有色地膜、超薄地膜、宽幅地膜、除草地膜等。根据地膜不同厚度和宽度，又有各种不同规格。目前生产中常用的地膜主要是无色透明地膜、有色地膜（黑膜、银灰色薄膜或双色薄膜等）和特种地膜（如除草地膜）等。

无色透明地膜是应用最普遍的地膜，因此也称为普通地膜，厚度0.005～0.015毫米，幅宽50～150厘米不等。其透光率和热辐射率达90%以上，保温、保墒功能显著，还有一定的反光作用，广泛用于春季增温和蓄水保墒。

有色地膜是根据不同染料对太阳光谱有不同的反射与吸收规律，以及对作物、害虫有不同影响的原理，在地膜原料中加入各种颜色的染料制成的地膜。主要有黑色膜、银色膜、黑白条带膜等，根据不同要求，选择相应颜色的地膜，可达到增产增收和改善品质的目的。

（1）黑色地膜　黑色膜一般厚度为0.01～0.03毫米，透光率仅1%～3%，热辐射率30%～40%。由于它几乎不透光，阳光大部分被膜吸收，膜下杂草不能发芽和进行光合作用，因缺光黄化而死，覆盖后灭草率可达100%，除草、保湿、护根效果稳定可靠。黑色地膜在阳光照射下，本身增温快、湿度高，但传给土壤的热量较少，故增温作用不如透明膜，夏季白天还有降温作用，因而防止土壤水分蒸发的性能比无色透明膜强。黑色地膜适用于杂草丛生地块和高温季节栽培的山地蔬菜基地，尤其适宜于夏秋季节的防高温栽培，可为作物根系创造一个良好的生长发育环境，提高产量。

（2）银灰色地膜　银灰色地膜一般厚度0.015～0.02毫米，透光率在60%左右，除具有普通地膜的增温、增光、保墒及防病虫作用外，突出特点是可以反射紫外光，能驱避蚜虫，减轻蚜虫传播病毒病的发生和蔓延。主要用于夏秋高温季节防蚜、防病、抗热栽培，如覆盖山地黄瓜、西瓜、番茄、菠菜、芹菜、莴苣等作物，不但有良好的防病虫作用，还能改善品质。

（3）条带膜　条带膜主要有银灰色条带膜和黑白条带膜。银灰色条带膜是在透明或黑色地膜上，纵向均匀地印上适当宽的银灰色条带，除具有一般地膜性能外，尚有避蚜、防病毒病的作用，比全部银灰色避蚜膜的成本明显降低，且避蚜效果也略有提高。黑白条带膜中间为白色，利于土壤增温，破膜引苗，两侧为黑色，可抑制畦边杂草滋生，常应用于山地菜豆、马铃薯等生产。

（4）黑白双面膜　黑白双面地膜一面为乳白色，一面为黑色，厚度为0.02～0.025毫米。乳白色向上，有反光降温作用；黑色向下，有防杂草作用。由于夏秋季高温时降温除草效果比黑色地膜更好，因此，主要用于夏秋蔬菜、瓜果类抗热栽培，具有降温、保水、增光、防杂草等功能。

22. 穴盘育苗有什么优点？

穴盘育苗是在多孔穴盘中以草炭、蛭石、珍珠岩等轻型材料混合为育苗基质，通过一穴一粒、精量播种，一次性成苗的快速育苗技术。其优点主要有：

（1）简化工序，育苗效率高　采用商品基质育苗，一次性完成装盘、播种、排场、成苗，简化营养钵育苗相对繁琐的工序，且单株苗占用苗床面积小，可大大节省育苗床。

（2）节省成本，成苗、成活率高　采用穴盘基质育苗，一般每穴仅播种一粒种子（芹菜、莴苣等除外），用种量大幅下降，能精确计算用种量，这对种子价格高或供应紧张的品种尤为重要。穴盘育苗通常在可控的环境条件下集中批量育苗，统一管理，受外界天气变化影响小，可培育适龄壮苗，成苗率高。穴盘苗的根系均盘在基质中，在起苗移栽时根系基本不受损伤，定植后根系迅速发展，并能较快转入正常生长，几乎没有缓苗期，秧苗移栽后成活率高。

（3）控制病虫害传播　穴盘基质育苗所采用的基质一般均为商品化生产，基本不带病菌，育苗容器也经过消毒处理，整个育苗过程相对比较容易控制病虫害，培育的秧苗健壮、无病虫，有效避免土传病害的发生和蔓延。

（4）适合规模化、专业化生产　穴盘基质育苗可应用播种机或流水线播种设备实行机械化播种，利于规模化、专业化生产。不仅常规的自根苗适合穴盘基质育苗，而且嫁接苗也同样适合穴盘育苗。同时，穴盘苗可以装箱长途运输，一些蔬菜育苗技术相对薄弱的蔬菜产区可以委托外地培育秧苗，不仅能解决这些蔬菜产区的育苗难题，而且还可以通过发展规模化育苗取得较好的经济效益。穴盘育苗也适合机械化移栽，通过农机农艺相结合，甘蓝、西兰花等秧苗可采用机械移栽，大大提高移栽效率，降低劳动力成本，这是裸根育苗和营养钵育苗方式无法做到的。

23. 育苗基质应具备什么特性？

基质质量是穴盘育苗成功与否的关键因素之一。穴盘育苗使每株秧苗的根系拥有独立的生长空间，且生长空间（介质容量）远小于传统的育苗方式，有限的育苗基质降低了对水分和养分的缓冲能力，也限制了根系的生长空间，秧苗根系的生长环境与传统苗床相比有很大的差异。因此，穴盘育苗基质的质量要求高，应采用人工调制的介质（基质）育苗，普通土壤不能用于穴盘育苗。

良好的育苗基质应具有以下几方面的特性：

（1）保肥保水能力强　保肥性好能供应育苗过程中秧苗生长发育所需养分，并避免养分流失；而保水性强，可以避免基质水分快速蒸发、干燥，确保秧苗能够有充足的水分供应，减少浇水次数。

（2）具有良好的通透性，不易分解　通透性好可以使秧苗根系发育良好，避免因缺氧萎根；不易分解、崩塌的基质，有利于根系穿透，并能支撑秧苗；过于疏松的基质，植株容易倒伏，基质及养分也容易分解流失。

（3）适宜的酸碱度（pH 值）　秧苗的生长需要适宜且相对稳定的 pH 值。随着秧苗的生长，以及补充水分时对基质的冲刷，基质的 pH 值会发生一定的变化，变化过大将影响秧苗的正常生长，因此，基质对酸碱度变化必须具有良好的缓冲能力。

（4）适宜而相对稳定的电导率（EC 值）　为保证秧苗生长所需的养分，基质中需要有一定的矿质营养，并能够在一定时间内保持相对稳定的 EC 值。EC 值过高对出苗率有较大的影响，EC 值过低易缺肥。

目前用于穴盘育苗的基质材料主要是草炭、蛭石和珍珠岩，三种材料的适当配比，才能达到最佳的育苗效果。草炭 pH 5.0～5.5，养分含量较高，亲水性较好，在基质中主要起持水、透气、保肥的作用。蛭石比重轻，透气性强，具有较强的保水能力、较高的钾含量，且隔热保温效果好。根据蛭石粒径大小分为多种类型，蔬菜育苗宜选用粒径为 2～3 毫米的蛭石，草炭与蛭石的配比为 2∶1 或 3∶1，播种后盖籽可全部用蛭石。珍珠岩经高温发泡制成，pH 7.0～7.5，保水和盐基代换能力弱，其作用主要是能增加其透气性，减少基质水分含量，在蔬菜育苗中一般只加 10%左右，夏季育苗可不添加。此外，育苗基质还可就地取材，利用农业生产中的一些废弃物，如食用菌生产废弃物、竹木加工废弃物、玉米秸秆等。但这些废弃物必须充分腐熟发酵，再与常用基质成分按一定比例配合，既节约成本又可避免面源污染，实现资源的循环利用。基质用量依穴盘型号规格不同而不同，一般大孔的每盘基质用量大些，如 72 孔穴盘每盘装满需要 3 升左右基质，每立方米基质可装盘约 300 个。

24. 蔬菜育苗如何选择穴盘？

穴盘是育苗的重要载体，为外形规格一致、多个孔穴连为一体的盘片。按材料不同，分为聚苯泡沫穴盘和塑料穴盘，前者适合穴盘漂浮育苗或浸吸式育苗，后者相对轻便、无毒环保，应用更广泛。

不同规格的穴盘对秧苗生长及适宜苗龄影响很大。孔穴大，有利于秧苗生长，但基质用量大、生产成本高；孔穴小，则穴盘苗对基质中的湿度、养分、氧气、pH 值等的变化敏感，同时使秧苗对光线和养分的竞争更加剧烈，不利于种苗生长，但相对基质用量少、生产成本较低。因而，育苗生产中应根据蔬菜种类、秧苗大小、不同季节生长速度、苗龄长短等因素来选择适宜的穴盘，并与播种机、移栽机等相匹配，以兼顾生产效能与秧苗质量。如南瓜、西瓜、葫芦、冬瓜等瓜类育苗时，因其种子大，秧苗子叶也较大，占用空间多，容易挤苗，可选择 72 孔、50 孔甚至 32 孔的穴盘；生菜、西兰花等蔬菜秧苗相对小，育苗可用 128 孔穴盘；芹菜可采用 200 孔或 288 孔的穴盘。另外，育苗经验缺乏、技术不够成熟的，可考虑选用孔穴相对较大的穴盘。一般黄瓜、番茄、茄子、辣椒多采用 50 孔或 72 孔穴盘，结球甘蓝等叶菜类可采用 128 孔穴盘。

（一）茄果类蔬菜

25. 番茄有哪些生长习性？

番茄是喜温蔬菜，不同的生育期对环境温度要求不同。种子发芽期最适温度25～30℃，发芽最低温度为11℃，最高不宜超过35℃。幼苗期白天适温20～25℃，夜间温度13～17℃，过高过低都易使秧苗长势趋弱，花芽分化不良。营养生长期间适宜昼温20～25℃，温度低于10℃，植株生长不良，长时间低于5℃引起低温危害。开花结果期的适宜温度稍高，昼温22～26℃，夜温15～20℃，遇低温花粉管伸长速度减缓或停止，30℃以上光合作用明显降低，35℃以上高温时停止生长，受精不良，易落花落果。番茄属中光性植物，对光照时数要求不高，但光照时间短不利发育，16小时日照长度生长最好。充足的光照有利于花芽分化，可促进坐果，提高产量与品质；光照不足植株易徒长，造成落花落果，且多发晚疫病。

按番茄开花结果习性可分为有限生长类型和无限生长类型。番茄根系发达，吸水能力较强，半耐旱。干燥的气候有利于番茄生长，空气湿度过高容易导致生长衰弱，病害加重，且易落花落果。番茄对土壤适应能力较强，沙质、黏质壤土均可种植，但排水良好、土层深厚、富含有机质的壤土或沙壤土最为适宜，要求土壤中性偏酸，pH 值以 6.0～7.0 为宜。盐碱地番茄生长缓慢且易矮化枯死，过酸土壤缺钙易发脐腐病。

26. 山地番茄越夏栽培应考虑哪些外部条件？

长江流域 7～8 月气候炎热，平均温度在 28℃以上，日最高温度在 35℃以上，晚上最低温度超过 25℃，不适宜番茄的生长发育和开花结果。利用高海拔山区冷凉气候条件进行番茄越夏栽培，可填补夏秋番茄的市场空档。种植山地番茄应考虑以下三个环境条件：

（1）海拔高度和坡向　海拔高度和坡向是影响山区气候的主要因素。选地时主要考虑 6 月下旬至 8 月的气温和地温等条件，能否适应番茄的开花结果，以便能在 7 月下旬至 9 月份“秋淡”期间上市。日平均温度要求在 20～25℃左右，最高气温不超过 33℃。就长江流域来说，适宜番茄种植的海拔高度范围在 600～1 100 米。以坡向而言，一般西坡温度高，北坡最低。坡向的选择应与海拔高度一起综合考虑，海拔低时可选北坡，海拔高时也可选西坡。一般而言，受台风影响较小的区域，海拔高度 600～1 200 米的东坡、南坡是适宜番茄种植。

（2）土壤　一般以排水好的旱地为宜，要求已开垦种植 3 年以上，土层深厚，有机质含量丰富，近 3 年未种过茄科作物，pH 值范围 6～7 为宜。山垄田、冷水田一般土温低，排水不畅，不适宜种植番茄。

（3）大棚设施　山地番茄的生长季节较长，一般在 4～10 月，其间既会遇到较长的梅雨，又有盛夏的暴雨，加之山区湿度较大，这种不利的气候条件给山地番茄种植带来一定的难度。露地栽培的番茄病害发生较多，裂果现象严重，干旱时容易引发脐腐病，优质商品率较低，直接影响番茄的产量与经济效益。因此山地番茄生产宜采用设施栽培方式，并配套应用滴灌技术。多雨时期可起到避雨降湿作用，能有效改善山地番茄的生长环境，解决番茄病害重、裂果多、果实商品性欠佳等问题，又能提早种植、延后采收，形成“种一茬、长一年”的越夏长季栽培模式，增加番茄产量和效益。

27. 哪些番茄品种适宜山地越夏栽培?

选择山地番茄品种，不仅要考虑番茄品种的生长习性、品种类型、果实大小及色泽等特性，还要考虑番茄的生长环境、栽培方式及销售区域。高山土壤瘠薄，道路崎岖，前期温度低，雨水多，要求番茄品种抗逆性、抗病性、生长势均强，并且有较好的贮运性。一般以果皮厚、果肉硬实、果型圆整、中大果型的品种为宜。如进行山地番茄越夏长季栽培，宜选用耐高温高湿、综合抗病性好、采收期长、商品性佳、耐贮运、长货架期的无限生长型番茄品种。就近销售的番茄，可根据当地消费习惯和市场供求状况，尽可能选择优质高产的大红果或粉红果品种。主要品种介绍如下：

金铁王　以色列引进，有限生长型，早熟，果实膨大迅速，商品性优，生长势强，第七叶着生第一花穗；2～4 层自行封顶，大果型，单果重 400 克左右，果实大红鲜亮，高圆苹果型，果硬肉厚，品质好，抗病、耐热性强。

百利　早熟，无限生长类型，生长旺盛。果实圆形微扁，大红色，色泽鲜艳，单果重 200 克左右，口味佳。坐果率高，丰产性好，正常栽培条件下无裂纹，无青皮现象。果实硬度高，耐贮藏，适合于出口和外运。耐热性强，抗烟草花叶病毒病、筋腐病、黄萎病和枯萎病，适合高海拔山地设施越夏长季栽培。

百灵　早熟，无限生长类型，生长旺盛。果实高扁圆形，均匀整齐，中大型果，平均单果重 190～210 克。熟果红色，品味好，无裂纹、无青皮现象。果实硬度高，货架寿命长，耐贮运。抗烟草花叶病毒病、筋腐病、叶霉病和枯萎病，高抗根结线虫病和叶霉病，丰产，耐热性强，对环境适应性强，是一个优良的越夏品种。

浙粉 706 中早熟，无限生长类型，生长势强。幼果淡绿色、无绿果肩，成熟果粉红色，转色均匀，色泽鲜亮，单果质量 230 克左右，果实高圆形，商品性好，硬度高，货架期长，耐贮运。抗番茄黄化曲叶病毒病（TYLCV）、番茄花叶病毒病（ToMV）和枯萎病，适应性广，抗逆性好，连续坐果能力强。

浙杂 503 中早熟，无限生长类型；生长势强。幼果无绿果肩，成熟果大红色，单果质量 220 克左右，大小均匀，着色一致，果实圆整，商品性好，硬度高，耐贮运。抗番茄黄化曲叶病毒病（TYLCV）、番茄花叶病毒病（ToMV）和枯萎病，适应性广，抗逆性好，连续坐果能力强。

28. 山地越夏番茄如何播种育苗?

山地设施番茄一般于 3 月中旬至 4 月中旬播种为宜（因前期低温 3 月份播种的应在大棚内搭小拱棚保温），也可采用异地穴盘育苗。无限生长型番茄长季栽培密度较低，每亩用种量为 8～10克。穴盘育苗时，采用 50 孔穴盘，装填好营养土或商品基质，每穴播 1 颗种子。播后浇透水，并盖遮阳网保湿。当 20%～30%秧苗出土时揭除遮阳网，苗期保持营养土或基质湿润。若采用嫁接育苗，嫁接用砧木种子可提前 7 天左右播于 10 厘米×10厘米塑料营养钵，待砧木具 5～6 叶、接穗具 3～4 叶时进行嫁接。也可利用穴盘育苗，在穴盘上进行嫁接（见链接）。苗期温度管理：白天温度控制在 25～28℃，晚上不低于 15℃。苗期发现猝倒病、立枯病等病害可用 72%霜霉威可湿性粉剂 400 倍液，或 30%多菌灵·福美双可湿性粉剂 600 倍液，或 68%精甲霜灵·锰锌水分散性粒剂 600～800 倍液，或 80%代森锰锌 M-45可湿性粉剂 600 倍液喷洒。

番茄幼苗套管嫁接法

套管嫁接法所需砧木和接穗的幼苗茎粗度一致，这是确保嫁接成活率的关键，因此，播种期砧木比接穗提前5～7天播种（具体依砧木与接穗差异可试验而定），力求两者的幼苗直径大小一致。接穗采用128孔穴盘播种，砧木采用50孔或72孔的穴盘播种。当接穗和砧木都具有2片真叶、株高5厘米、茎粗2毫米左右时为嫁接适期。嫁接时，在砧木和接穗的子叶以上4～5毫米处呈30度角斜切一刀（用刀片顺手将砧木、接穗秧苗由下往上斜切），将套管的一半套在砧木上，再将接穗按斜切面正对砧木斜切面方向插入套管中，使其切口与砧木切口紧密结合。嫁接过程中要注意切面卫生，以防感染病菌降低成活率。嫁接完成后，立即将嫁接苗移入遮光和保湿育苗床内。春季在育苗床小拱棚内，用遮阳网等遮光，确保温度和湿度。夏季嫁接时，因气温高，要特别注意遮光和降温措施，同时必须要保证足够的湿度。如湿度不足时（接穗会出现萎蔫），可以用喷雾器喷湿以保持湿度。待愈伤组织形成后，要逐步增加光照和降低湿度，直至完全成活后同普通育苗一样进行练苗管理。其他管理措施同普通番茄育苗。

利用穴盘育苗，在穴盘上进行嫁接，是目前比较理想高效的番茄嫁接方法，适用于较小的幼苗。可采用专用嫁接固定塑料套管将砧木与接穗连接、固定在一起，若买不到专用套管，也可用自行车气门芯或塑料软管代替，只需剪成1厘米左右长，两端呈平面或30度角的斜面均可（套管两端的斜面方向应一致）。

29. 山地越夏番茄怎样定植？

山地设施番茄应适当早栽稀栽。秧苗定植时要求棚内温度白天保持25～28℃、晚上不低于15℃。长江流域山区一般于4月中旬至5月下旬，实生苗4～5叶期、嫁接苗于嫁接后半个月左右定植。定植前10～15天亩施充分发酵腐熟的农家肥2 500～3 000千克，或商品有机肥500～800千克，翻耕作畦，畦宽（连沟）1.4～1.5米，沟深20～25厘米。畦面撒施三元复合肥30～50千克，硫酸钾15千克。秧苗做到带土带药定植，合理密植，定植前一周扣棚盖膜保温。每畦栽两行，有限生长型品种株距40～45厘米，行距70～75厘米，亩栽2 000～2 200株；无限生长型品种株距50～55厘米，行距70～75厘米，亩栽1 600～1 800株。定植好后把定植的穴口用土封严。为促进幼苗根系和土壤紧密结合，利于早缓苗，应及时浇点根肥水，可用0.2%～0.3%尿素液。为防止青枯病等细菌性病害的发生，可在点根肥水中加入恶霉灵，稀释浓度为1 000～1 500倍，或72%农用链霉素4 000倍，或72%新植霉素4 000倍。

30. 山地番茄怎样进行植株调整？

番茄茎叶繁茂、分枝力强、生长发育快、易落花落果，为调节各器官之间的均衡生长，改善光照、营养条件上，生产管理过程中应采取一系列植株调整措施，如搭架、绑蔓、整枝、打叉、摘心、疏花疏果、去除病、老叶等。有限生长型品种进行双干整枝；无限生长型品种进行单干整枝，并采取斜向式绑蔓法绑蔓引枝。第一次整枝不宜过早，一般在绑蔓前进行。番茄植株高约40厘米时进行搭架绑蔓。植株封行后及时摘除老叶、病叶，以利通风透光。

番茄开花结果太多会影响果实的大小。留果的数量与番茄的品种有关，一般单果重180克左右，第一花序留果4～5个，第二至第十花序均留果5～6个；单果重200克以上，第一花序留果3～4个，第二至第十花序均留果4～5个。应及时摘除多余的花朵、幼果及畸形果，促进果实整齐一致。

31. 山地设施番茄怎样进行肥水调控?

番茄生长期长，须有充足的养分供给，每生产10 000千克番茄，约需25千克氮、4千克磷、36千克钾。番茄在不同生育期对肥料的要求不尽相同。秧苗定植后，随着生育期的推进，番茄对养分的需求量逐渐增加。第一花序坐果后，可亩追施三元复合肥10～15千克，过磷酸钙15～20千克。间隔20天即第二、第三花序大量坐果时，亩追施三元复合肥20～30千克加硫酸钾10千克。之后每采收两穗果追肥一次。番茄对钾的吸收量最大，为了避免因缺钾而影响番茄的产量和品质，在果实膨大期追施钾肥非常重要，因此在盛果期还需根外追施0.2%～0.3%的磷酸二氢钾加0.2%的尿素混合液3～4次。此外，番茄还需要多种微量元素，要因地制宜，酌情追施微肥，防止缺素症。采用滴灌灌水，既能适时适量灌水，提高灌溉品质，又能降低棚内空气湿度，减少植株病害发生。开花坐果前适当控制灌水，保持土壤相对温度60%～70%。随着番茄果实膨大，需水量也相应增加，在结果期供给充足的水分是获得高产的关键。

32. 山地设施番茄怎样进行棚温管理?

山地番茄秧苗定植初期以保温为主，大棚内应保持较高温度，植株定植好后应密闭大棚4～5天，待植株成活后，揭开大棚两端薄膜，通风换气。缓苗后白天温度保持25～28℃，夜间不低于13℃。开花结果期白天温度保持22～25℃，夜间不低于15℃，当棚内白天温度超过30℃时应及时通风降温。一般3月中旬播种，4月下旬定植的，要注意大棚的保温，10时以后揭开薄膜通风，15时前盖好薄膜。梅雨季节雨水较多时顶膜、裙膜需盖好。当气温高至25℃，将裙膜揭开，如遇暴雨再把裙膜围上。在高温干旱时，可在大棚顶膜上再覆盖一层遮阳网，以利降温和减少土壤水分蒸发。10月份外界气温开始下降，要视温度变化情况夜间封闭边膜加强保温，以延长番茄果实采收期。

33. 山地番茄主要有哪些病害，怎样防治？

山地番茄主要病害有青枯病、早疫病、晚疫病、病毒病、灰霉病、叶霉病等。尽量采取轮作、嫁接等措施，以减少青枯病发生；及时通风换气，降低棚内湿度；及时摘除老叶、病叶、病果，并带出田外集中无害化处理；番茄收获结束后，及时将棚内的残株落叶及果实清除干净，以降低病虫基数。

药剂防治应选择对口农药交替使用。青枯病发病初期可用72%农用链霉素4 000倍液或77%氢氧化铜可湿性粉剂400～500倍液灌根防治。早疫病可用70%丙森锌可湿性粉剂400～600倍液，或50%异菌脲干悬浮剂1 000倍液，或78%代森锰锌·碱式硫酸铜可湿性粉剂600倍液喷雾防治。晚疫病可用70%丙森锌可湿性粉剂500～700倍液，或68%精甲霜灵·锰锌水分散性粒剂800倍液喷雾防治。叶霉病可用50%异菌脲水分散性粒剂1 000倍液，或40%氟硅唑乳油6 000倍液喷雾防治。灰霉病可用50%腐霉利可湿性粉剂1 000倍液进行预防，大棚内湿度较大时优先采用腐霉利烟熏剂；可用30%嘧霉胺悬浮剂1 000～2 000倍液，或50%烟酰胺水分散性粒剂2 000倍液防治。病毒病发病初期可用1.20%吗啉胍·乙铜800倍液，或10%吗啉胍·羟烯1 000倍液，或8%宁南霉素水剂1 000倍液喷雾防治。

34. 山地番茄主要有哪些害虫，怎样防治?

山地番茄主要有夜蛾类、棉铃虫、蚜虫、红蜘蛛、斑潜蝇等害虫。物理防虫方法可采用频振式杀虫灯诱杀夜蛾等害虫，采用斜纹夜蛾性诱捕器和棉铃虫性诱捕器诱杀成虫，大棚内悬挂黄板诱杀蚜虫。

药剂防治病虫应选择对口的高效低毒低残留化学农药或生物农药交替使用。夜蛾类害虫宜在1～2低龄幼虫时用药，可选用银纹夜蛾核型多角体病毒800倍液，或5%氯虫苯甲酰胺1 500倍液，或15%茚虫威悬浮液3 500倍液，或2%甲氨基阿维菌素苯甲酸盐乳油2 500倍液。蚜虫可用10%吡虫啉可湿性粉剂2 000倍液，或3%啶虫脒微乳剂800倍液，或25%吡蚜酮可湿性粉剂2 000倍液。红蜘蛛可用24%螺螨酯悬浮剂4 000～6 000倍液，或5%喹螨醚乳油2 500倍液，或15%哒螨灵乳油2 500倍液防治。棉铃虫可在幼虫孵化高峰至钻蛀前，每亩使用苏云金杆菌16 000IU/毫升悬浮液40～60克，对水45～75千克均匀喷雾。美洲斑潜蝇可用50%灭蝇胺可溶性粉剂2 500倍液，或2%甲氨基阿维菌素苯甲酸盐乳油3 000倍液喷雾。

35. 茄子有哪些生长习性?

茄子喜温、忌冷凉、怕霜冻。种子发芽期间适温25～30℃；幼苗期白天适温25～30℃、夜间适温18～20℃；开花结果期则以白天28～30℃、夜间20～22℃为宜；低于15℃时，植株生长基本停止，并出现落花落果现象，5℃以下易冷害，高于35℃时花器发育不良，果实生长缓慢，容易生成僵果。茄子对日照长度和光照强度要求较高，其光饱和点为40 000勒克斯，光补偿点2 000勒克斯。

茄子对于土壤的适应性较强，在沙质土、壤土或黏壤土上都能生长，但根系耐旱能力较弱，对土壤水分含量要求较高，具有喜湿、忌涝的特点。

根据茄子的果型和生长习性可分为三种类型：圆茄、长茄、矮茄。圆茄主要分布在北方地区，植株高大，长势强，叶大而厚，果实大，呈圆球、扁球或椭圆球形，皮色黑紫、红紫色，多为中、晚熟种。长茄主要分布在南方及东北地区，植株中等，分枝多，叶较小而狭长，果实长棒状，稍弯曲，皮薄，肉质松软，多为早、中熟种。矮茄又称卵茄或灯泡茄，植株矮小，长势中等，株型较开张，果实小，卵形或长卵形，种子多，皮厚，品质较差，但耐热，抗病力较强，多为早熟品种。

36. 怎样的山地环境条件适合茄子反季节栽培?

山区具有夏季凉爽、昼夜温差大、立体气温差异明显等气候特点，一般海拔高度200～1 000米区域山地均宜种植茄子。其中海拔高度200～500米的丘陵山地温光条件较好，适宜栽培耐热、抗旱、抗病性强的茄子品种；海拔高度500～800米的山区7月份平均气温24～27℃，是山地种植最适宜区域，可实现山地茄子长季节栽培。山地茄子种植地块的朝向，一般选择东坡、南坡、东南坡向为宜。应选择2～3年以上未种过茄科蔬菜、土层深厚、疏松肥沃、排灌良好的砂质土壤或壤土。

37. 如何安排山地茄子生产季节?

茄子喜温、怕霜冻，露地栽培时，其整个生育期必须处于无霜期内。在浙江地区利用山区的自然资源生产茄子的上市优势时间在7月中下旬至10月中下旬，此时市场货缺、价高、效益好。海拔高度200～400米区域山地，茄子播期以1月上中旬为宜，3月底至4月上中旬大田定植；海拔500～600米山区播期以3月下旬为宜；海拔600米及以上高山区播期为3月下旬至4月上中旬为宜，5月下旬至6月初大田定植。山地茄子从播种到初采期一般需95～100天，如计划在7月下旬上市，就从7月下旬开始倒推 100 天，播种期宜在 4 月中旬。

38. 适宜山地栽培的茄子品种有哪些？

种植山地茄子要根据市场需求、海拔高度、土壤性状等情况，选择适应性强、抗病、耐热、耐贮运、商品性佳的品种。浙江山地茄子常用品种可选择杭茄 1 号、引茄 1 号、浙茄系列、冠王 1 号、先锋长茄等。

杭茄 1 号 早熟，株高 70 厘米左右，直立性较弱，分枝能力强。结果性良好，平均单株坐果数约 30 个，果实长且粗细均匀，平均果长 35～38 厘米，横径 2.2 厘米，单果重 48 克左右。果实紫红透亮，皮薄，品质糯嫩。耐寒性强，低温时坐果好，抗病性强。

引茄 1 号 中早熟，生长势强，株高 100～120 厘米。第 1 雌花节位 9～10 节，花蕾紫色，中等大小，平均单株坐果数25～30 个。果长 30 厘米以上，横径 2.4～2.6 厘米，平均单果重 60～70 克。果形直，果皮紫红色，商品性好。中抗青枯病，抗绵疫病和黄萎病，适宜平原及山地露地栽培。

浙茄 1 号 中早熟，生长势强。果形长直，果长 30 厘米以上，横径 2.6～2.8 厘米，果皮紫红色，色泽亮丽，商品性好。皮薄、肉质糯、口感好、品质佳。抗病性强，坐果率高，适宜早春设施和露地栽培。

冠王 1 号 中熟，生长势强。株高约 75 厘米，植株直立性好。结果力强，平均单株坐果数约 30 个，果长约 40 厘米，横径 2.5 厘米，果皮紫红鲜亮，光滑薄软，品质好，商品性佳。耐热，遇高温不易退色，抗病性强，适应性广，适宜山地栽培及平原露地作秋茄栽培。

39. 山地茄子如何搞好播种育苗？

一要选择 2～3 年内未种过茄果类蔬菜、且避风向阳的地块育苗。二要选择适宜的播种期。山地茄子苗期一般为50～60天，育苗天数过长容易老化。可根据海拔高度、茄子上市时期及前作的结束期，综合考虑确定播种期。长江流域山地茄子一般于3月中旬至4月中旬播种（嫁接育苗的砧木于2月中旬至3月上旬播种），5月中旬至6月上中旬定植，7～10月采收。三要搞好种子消毒、育苗床消毒及苗期猝倒病防治。种子消毒可采取温汤浸种或药水浸种。常用药水浸种方法：先用清水预浸10～15分钟，再用0.1%的高锰酸钾溶液浸20～30分钟，后取出种子用清水冲洗至无药味，最后进行催芽播种。育苗床消毒常用每平方米10克左右的70%甲基托布津或50%多菌灵均匀撒施、翻耕消毒。避免幼苗拥挤和床土过湿、土温过低、光照不足，控制幼苗徒长，防止在1～2片真叶以前发生猝倒病。一般每亩大田需种量15～25克。

山地茄子穴盘育苗

山地茄子穴盘育苗，可避免营养土带菌，减少土传病害发生，解决育苗“三防”（防风防雨防淹）问题，省工省力且便于规范化管理，幼苗定植时不伤根，缓苗快。茄子育苗可用32孔、50孔穴盘。育苗基质要求保水保肥性、通气性良好，具有一定的营养成分，无土传病害。育苗时先在畦面上挖一个深约8厘米、宽度为两个平行穴盘大小的凹槽作为专用地面苗床，播种后，将穴盘放入育苗床，凹槽深与穴盘面持平，四周回土填护，覆盖薄膜保水保温催芽。有条件的地方，可采用专用棚架式育苗床。茄子萌发时适宜温度为25～28℃，当穴盘表面基质缺水时，应及时补充水分，均匀浇透。育苗期间一不需要追肥，缺肥时可用0.2%～0.3%三元复合肥溶液适当补肥。在幼苗2叶期，对穴盘内的空穴和弱苗，应及时补上健壮苗。团根期轻移盘体，促进团根形成。苗龄可根据各地生产实际和天气状况灵活掌握。壮苗标准：真叶7～8张、横茎0.4～0.5厘米。

40. 山地茄子怎样定植？

种植山地茄子的地块，宜在冬至前后翻耕，同时亩施75～200千克生石灰，移栽前半个月再整地施肥。畦宽连沟1.3～1.5米。基肥每亩腐熟栏肥2 000～3 000千克或商品有机肥500～800千克，三元复合肥40千克，硼砂、硫酸锌0.5～1千克，磷酸二氢钾1千克，磷肥50千克。施基肥时，除栏肥沟施畦中间外，其余肥料可撒施于表土，再整地作畦。

山地茄子生长期长、生长势旺盛，生产上一般以稀植为主。实生苗栽培一般行距50～55厘米、株距45～50厘米，亩栽2 000～2 500株；嫁接苗栽培，行距50～60厘米、株距50～55厘米，亩栽1 600～2 000株。此外，也有一些生产基地因考虑劳动力紧缺的因素，每亩仅栽700～800株，栽种后一般不进行整枝摘叶，效果也较为理想。

41. 山地茄子栽培如何进行地膜覆盖？

山地茄子地膜覆盖栽培可实现早熟、优质、增产的目的。地膜覆盖要注意以下几点：①先整地做畦。地膜覆盖前，应先进行翻耕、施肥、灌水、耙地、起垄做畦，使土壤结构疏松、通透性好、水分充足、营养丰富。②选择合适幅宽的地膜。根据畦宽选择合适幅宽的地膜，以免浪费。③铺平地膜。铺膜时要求不松弛、不起皱，确保地膜充分发挥保水、增加地温、抑制杂草生长的作用。④封严定植孔。植株定植后用土封严定植孔，防止地膜下热气通过定植孔上升伤及植株。要经常检查地膜，发现膜面裂口或畦四周跑风漏气应及时用土压严。

42. 山地茄子怎样进行肥水管理？

（1）*施肥* 定植前须施足基肥。秧苗移栽至果实开采一般无需追肥，追肥应掌握“少施多次、前轻后重”的原则。茄子果实采收 3 次以后需追肥 1 次，以后每采收 2～3 次追施 1 次肥料。追肥以尿素、复合肥、氯化钾等多元混合肥为主，一次每亩施 10～15 千克。为防止植株早衰，增加后期产量，结果后期每间隔 7～10 天进行 2～3 次根外追肥，可于晴天傍晚喷施 0.2%磷酸二氢钾溶液或天然芸薹素。

（2）*灌溉* 一般每次采收前 2～3 天需给水一次，建议应用山地“微蓄微灌”设施供水。如灌溉条件不足，茄子秧苗移栽后可在畦面铺草防止水土流失及干旱。从门茄瞪眼期开始要加强水分管理，生产上一般结合追肥浇水。采收盛期要充分供给水分，适时排灌；干旱时，可短时灌半沟水，即灌即排。

43. 山地茄子怎样进行整枝摘叶？

从门茄开始，植株生长按对枝、四枝、八枝、十六枝、满天星枝逐级分叉递增。一般采用双干整枝方式，门茄坐稳后抹除下部腋芽，对茄开花后再分别将下部腋芽抹除，只保留两个向上的主枝。植株封垄后及时摘除枝干上的老叶、病叶和黄叶，第 8～9 个果坐果后及时摘心，同时清理枝叶。以利于通风透光，减轻病虫蔓延，集中养分，促进果实快着色、早成熟。梳理枝干上的叶片，应灵活地掌握叶量，一般新枝留 7～8 片壮叶。摘除的叶片要全部清出田外处理，以防病菌传播。为防止植株倒伏，可利用 1～2 根 50～70 厘米长的木棒或竹竿支撑茄子植株，嫁接换根的茄子生长势旺、植株高大，更应注意防倒伏。

44. 中、低海拔区域山地茄子剪枝再生栽培有何优势?

高度 200～400 米的中、低海拔区域夏秋高温干旱对茄子产量及其果实色泽、外形有较大影响，且容易产生僵果，茄子的产量品质受到较大影响。这一区域的山地茄子生产，若利用茄子再生能力强、恢复结果快的习性，采用剪枝复壮技术，可实现一次种植二茬采收，既能克服夏秋高温高湿及病虫频发等不良环境因子对生长结果的影响；又可缓解上市期集中的压力，促进产品在夏秋淡季的均衡供应。茄子剪枝处理后的效果主要有：①降低茄子高温期间落花率，且不影响植株性状；②避开螨虫危害高峰期，茄果条直、鲜嫩、光泽度好、商品性明显改善；③可明显改善园地的通透性，增加植株的抗病能力，茄子绵疫病田间发生率明显降低；④改变光合特性，显著提高同化物向果实的分配比例，增产幅度可达 60%。浙江临安的生产实践表明，中、低海拔区域茄子生产采用剪枝复壮技术可延长生长采摘期 60 余天，产量及商品优质率明显提高。

45. 山地茄子剪枝再生复壮栽培有哪些技术要点?

浙江中、低海拔山区一般于 1 月下旬至 2 月中旬播种、温床育苗，4 月下旬至 5 月上旬移栽，茄子生长采收至中后期即 7 月中旬剪枝，之后 25～30 天即可二次采收至 10 月上旬，实现一次种植二茬收获，平均亩产可达 6 000 千克以上。剪枝再生复壮栽培技术要点：

（1）整枝摘叶　采用双干整枝，门茄坐稳后抹除下部腋芽，对茄开花后再分别将下部腋芽抹除，只保留两个向上的主枝。植株封垄后及时摘除枝干上的老叶、病叶和黄叶，第 8～9 个果坐住后及时摘心，同时清理枝叶。

（2）剪枝处理　进入八面风果实生长中后期剪枝，并掌握在天气转入初伏期，即7月20日前后的1周以内，选择晴天10时前和16时后或阴天进行，在四母斗一、二级侧枝保留3～5厘米剪稍。如有条件可用蜡质涂封剪口，同时清扫地面枝叶并集中烧毁。剪枝后即行半沟水灌溉，夜灌昼排，或采用滴灌设施保持茄田湿润。

（3）剪后管理　经过修剪的植株，第2～3天腋芽萌发并开始生长，应及时用68%精甲霜灵·锰锌水分散粒剂800倍液、30%嘧霉胺悬浮剂2 000倍液等喷雾2～3次，防治新稍叶面病害，同时注意治蚜。因修剪刺激往往造成腋芽萌发过多，剪后5～7天当新梢长至10厘米左右，应及时抹去多余的腋芽，各侧枝只保留1～2个新梢。以后即转入常规管理。

46. 山地茄子嫁接换根有何优势？

山地茄子嫁接换根具有明显的三大优点：一是增强植株抗病性。嫁接换根可以明显降低茄子黄萎病、枯萎病、青枯病、根线虫病等土传病害的发病率，减小其病情指数。二是增产效果显著。嫁接换根后的茄子根系发达且根系分布范围广，对肥水吸收能力强，可提高抗逆能力和肥水利用率，植株长势旺盛，增产效果十分明显。据试验，自根苗茄子高80～100厘米，亩产在3 000～4 000千克；嫁接茄子株高，可达120～150厘米，亩产达12 000千克以上。三是提高土地利用率。茄子嫁接换根后，由于砧木对土传病害高抗免疫，使茄子生产实现了重茬连作不发病，有效提高了山区土地资源利用率。

47. 山地茄子如何进行嫁接？

茄子嫁接方法很多，有劈接、靠接、对接、插接、侧边钻接、套接等。劈接法操作方便、成活率高，是茄子嫁接常用的方法。

（1）嫁接前准备　选择托鲁巴姆、赤茄等为砧木，引茄1

号、先锋长茄等均可为接穗品种，对育苗盘、育苗基质进行消毒，以免带菌。根据定植期确定砧木、接穗的播种期。播后将育苗盘放入温室或大棚，当砧木苗长至2叶1心时，移栽至50孔穴盘或8厘米×8厘米营养钵中。接穗育苗方法同砧木育苗，当接穗苗长至2叶1心时，移栽至72孔穴盘中。砧木、接穗苗期进行正常管理，防止徒长，适当追施磷钾肥促苗健壮。嫁接前5～7天对接穗苗和砧木苗采取控水促壮措施，以提高嫁接成活率。嫁接前1天，给砧木、接穗浇透水。

（2）*适时嫁接*　当砧木5～7片真叶、接穗4～6片真叶时，茎粗3～5毫米，茎呈半木质化时为最佳嫁接期。采用劈接法，具体做法为：砧木留2片大而茁壮的真叶，从第2片真叶之上、离地面3～5厘米处平切，去掉上部，然后在砧木茎中间垂直向下切约1厘米深。随后取大小与砧木一致的接穗苗，在其半木质化处（即苗茎黑紫色与绿色明显相间处）去掉下端，接穗留2叶，下部削成双斜面（楔形），大小与砧木切口相当（楔面长0.6～0.8厘米），将削好的接穗插入砧木切口中，使两者紧密吻合，对齐后用塑料窄条捆上或用嫁接夹固定好。培土的茄子，相应提高嫁接节位。

48. 如何管理茄子嫁接苗?

嫁接苗的管理主要为温度、湿度、光照等环境因素的控制。茄子嫁接后应立刻放入提前准备好的塑料小拱棚内，小拱棚顶部覆盖1张塑料膜＋1张遮阳网＋1张毛毯，底部棚膜用土压实，棚膜上遮盖遮阳网，保温、遮阳。

（1）*温度管理*　茄子嫁接苗伤口愈合的适宜温度为25℃左右，温度低于20℃或高于30℃均不利于伤口愈合，并影响嫁接苗成活。

（2）*湿度管理*　嫁接后1周内，苗床内空气相对湿度保持在95%以上，有利于嫁接伤口的愈合。及时补充水分，采用空中喷雾方式保持棚内湿度，注意不要喷到伤口；育苗钵内水不要过多，以免沤根。

（3）*光照管理* 嫁接后需遮光，遮光的方法是在小拱棚上覆盖遮阳网。嫁接后3～4天需全遮光，以后半遮光（即早晚两侧见光），逐渐增加光照。温度低时可适当早见光，提高温度，促进伤口愈合；温度高时中午要遮光。约10天后撤掉遮光物，恢复正常管理。

（4）*及时抹除萌芽* 嫁接苗经过7～10天伤口愈合，接穗开始生长；砧木侧芽生长也很迅速，如果不及时去掉，直接影响接穗的生长发育。因此，在接口愈合后，要及时、干净地除去砧木萌芽，且应在晴天上午进行，以免病菌通过伤口侵染植株。

（5）嫁接后35～45天可定植移栽，定植前适当降温炼苗。

（6）*去除固定物* 茄子嫁接苗的固定物不能过早去除，否则嫁接苗易从接口处折断。由于茄子茎的木质化程度较高，其固定物去除晚一些，也不影响生长，一般在定植后去除，这样可以防止定植时埋土超过接口。去除固定物时，应同时抹掉砧木叶腋萌发的不定芽。管理过程中，及时摘除砧木侧芽、黄化叶，剔除未成活苗，将大小苗分开管理。

49. 山地茄子有哪些主要病害，怎样防治？

山地茄子主要病害有绵疫病、青枯病、黄萎病、灰霉病、猝倒病、疫病、炭疽病、根腐病、褐纹病、根结线虫病等。要实行严格的轮作制度，应与非茄科作物实行轮作3年以上，与水稻轮作效果最好。山地秋冬季需深翻土壤，晒土冻阀；翻耕前施用生石灰降低土壤酸性；采取深沟高畦，重施有机肥；应用膜下微灌技术，雨后及时排水，注意种子消毒处理，采用无菌营养土或基质育苗；苗期注意施足磷肥和腐熟有机肥；应用嫁接栽培控制茄子土传病害。

药剂防治方法：绵疫病可用75%乙铝·百菌清可湿性粉剂600～800倍液，或78%波尔·锰锌可湿性粉剂800～1 000倍液防治。青枯病可用20%叶枯唑粉剂可湿性粉剂500倍液加72%农用链霉素可湿性粉剂3 200倍液灌根及喷施防治。黄萎病可用50%多·威霉可湿性粉剂800～1 000倍液灌根防治。灰霉病可用50%腐霉利可湿性粉剂1 500倍液，或40%嘧霉胺悬浮剂800～1 000倍液防治。猝倒病、疫病可用72%霜脲·锰锌可湿性粉剂800倍液，或64%噁霜·锰锌500倍液等防治。炭疽病可用苯脒甲环唑2 000～3 000倍液，或80%福·福锌300～400倍液等防治。根腐病发病初期可选用70%甲基硫菌灵可湿性粉剂500倍液，或54.5%噁霉·福可湿性粉剂700倍液灌根防治。褐纹病可用77%氢氧化铜可湿性粉剂600～800倍液，或70%丙森锌可湿性粉剂600～800倍液防治。根结线虫病初发期可用2%甲氨基阿维菌素苯甲酸盐乳油2 000～3 000倍液，或40%灭线磷乳油1 000倍液灌根。

50. 山地茄子有哪些主要虫害，怎样防治？

山地茄子虫害主要有红蜘蛛、茶黄螨、蚜虫、蓟马、二十八星瓢虫等。

采用杀虫灯、防虫板等物理防治手段，结合生物药剂防治，可有效减少田间虫害发生。红蜘蛛可用15%哒螨灵乳油1 500～3 000倍液，或24%螺螨酯悬浮剂4 000～5 000倍液防治。茶黄螨可用5%唑螨酯悬浮剂2 000～3 000倍液，或1.2%烟碱·苦参素乳油1 000～2 000倍液防治。蚜虫可用10%吡虫啉可湿性粉剂1 500～2 000倍液，或3%啶虫脒乳油1 000～2 000倍液防治。蓟马可用3%啶虫脒乳油1 000～2 000倍液，或25%噻虫嗪可湿性粉剂2 000～3 000倍液防治。二十八星瓢虫可用3.2%甲氨基阿维菌素苯甲酸盐·氯氰微乳油3 000～4 000倍液，或20%甲氰菊酯乳油1 000～2 000倍液防治。

51. 辣椒生长习性有哪些?

辣椒是喜温蔬菜，适宜温度在 15～34℃之间，种子发芽适温 25～30℃，低于 15℃或高于 35℃时种子不发芽，苗期最适温度白天 25～30℃，夜晚 15～18℃，幼苗不耐低温，开花结果初期白天适温为 20～25℃，夜间为 15～20℃，高于 35℃会落花落果，果实发育和转色期的适温为 25～30℃。阴雨高湿易发生疫病等真菌性病害，高温干旱易诱发病毒病，辣椒对光周期要求不严格，但弱光易引起落花现象。辣椒不耐旱也不耐涝，比较适合干爽的空气条件，适宜在排灌方便、深厚肥沃、富含有机质和通透性良好的土壤中种植。

52. 如何安排山地辣椒反季节生产?

辣椒喜湿润，怕暴晒、雨涝及干旱，海拔 500 米以下的山区夏季易受高温影响，辣椒落花落果及病害加重，产量不稳定，海拔高度 500～1 000 米范围为辣椒反季节栽培适宜区域，海拔高度 200～500 米的中低海拔区域可进行早春茬或秋延后栽培。山地辣椒种植地块以坐西朝东、坐北朝南为佳（山地青椒也可选择坐南朝北地块），2～3 年内未种过茄科作物的旱地或水田的土壤，不宜选择冷水田或低湿地栽培。

海拔 200～500 米山地早春茬一般于 12 月下旬至次年 1 月上旬进行播种，3 月底至 4 月上旬定植，5 月中旬至 8 月底为产品采收期；秋延后栽培辣椒一般于 7 月中旬播种，8 月中旬开始定植，设施栽培的于 11 月中旬结束采收。

海拔 500 米以上的中高山地区，多采用越夏栽培方式进行生产。一般 4 月中旬至 5 月上旬播种，6 月上旬至中旬露地定植，7 月上旬夏季蔬菜淡季时段开始采收上市，一般采收至 9 月底结束。

53. 适宜山地栽培的辣椒品种有哪些?

山地辣椒栽培应根据海拔高度、市场需求、种植茬口安排、生产设施条件等选择主栽品种。小尖椒类型的辣椒不耐高温，适宜在海拔高度500米以上区域山地种植。

山地小尖椒主栽品种与特点：

弄口早椒 早熟，株高70厘米，开展度75～80厘米。青熟果淡绿色，辣味中等，采收嫩果基本不辣，品质优良。加工成辣椒粉，辣味鲜而浓，因此可用作红辣椒生产。

杭椒2号 早熟，采收期长，果实生长快、条形好、商品性好；株高70厘米，开展度80厘米；果实细长，商品果采收时纵径8～10厘米，横径1.2厘米内，单果重7～12克。

杭椒7号 早熟，果实生长快，商品性好，果长在13～15厘米，横径1.5厘米，淡绿色，嫩果微辣，适合保护地和高山辣椒栽培。与弄口早椒相比，在产量、抗病性等方面有明显优势。

浙椒1号 早熟，植株生长势较强，株高64厘米左右，开展度60～65厘米，分枝性强，连续结果性强，果实为羊角形，青熟果绿色，纵径12～14厘米，横径1.0～1.2厘米，平均单果重约10克，果面光滑，果形直，微辣；抗病毒病和疫病。

山地羊角椒主栽品种与特点：

王子3号 中早熟，粗羊角形，果长20～30厘米，单果重50～70克，果表光洁，果黄绿色，辣味适中，商品性好，抗性强，产量高。

早辣王 早熟、极辣、浅绿色尖椒品种。果实羊角形，果长22～24厘米，果肩宽2.5厘米，单果重50克以上，果皮薄，炒食软辣、品质优。果形直，果腔小，抗病性强，耐高温高湿，适合嗜辣人群消费。

旋秀 早熟粗长螺丝椒品种，植株生长势较强，直立性好；

青果深绿色，老熟果亮红色，果长23～25厘米，果宽约4.0厘米左右，单果重60克左右，皮薄，质脆，味辣，有香味；耐湿热和干旱能力强，连续挂果能力强，综合抗性好。

54. 反季节生产山地辣椒怎样播种育苗?

山地辣椒反季节生产播种期要根据不同的海拔高度来安排。在浙江一带，以海拔500～1 000米种植最为合适，经济效益和社会效益也比较明显。这里重点介绍这一海拔区域的常规辣椒育苗方法。

采用小拱棚育苗，适宜播期为4月中下旬至5月上旬，亩用种量20～30克。

（1）播前进行种子消毒　方法有：①温汤浸种：将精选的种子，用55℃温水浸泡15分钟，期间要不停的搅拌温水，可起到杀菌作用。②药剂消毒：先用1%的硫酸铜液浸泡5分钟，然后用清水冲洗，可防治由种子带菌的炭疽病、斑点病等；再用10%磷酸三钠液浸泡20分钟，或0.1%高锰酸钾浸泡30分钟，钝化种子所带病毒，然后用清水冲洗（种子消毒后要用清水彻底洗净药液，然后继续催芽或播种）。

（2）选好育苗场地，选用新土育苗　选择背风向阳、地势高燥无积水、排灌交通便利的地块建育苗棚。按每亩大田需苗床10～15平方米准备育苗床，筑成畦宽1.0～1.5米、沟深30厘米的畦面，将配制好的营养土均匀铺在育苗床上，厚度为10厘米左右。播前先将育苗床浇足底水，再将种子均匀撒播于苗床，覆盖营养土1厘米左右，轻轻压平，盖上一层地膜，并搭小拱棚，盖上薄膜；考虑到山区夜间温度较低，夜间在小拱棚上还可覆盖无纺布或草帘等进行保温。

（3）40%左右种子出苗时及时揭掉地膜；小拱棚薄膜视气候及时通风降温，苗期温度以白天20～25℃、晚上18～20℃为宜。当秧苗具2叶1心时可假植至穴盘或营养钵中。

山地辣椒穴盘育苗

先按集约化育苗用种数量（所需成苗数/发芽率×出苗率×成苗率）准备种子，再进行温汤浸种及药剂消毒，一般可选用50孔育苗穴盘、蔬菜专用育苗基质装盘，装盘用的基质含水量达到手握成团，落地即散为宜。装盘时，以基质恰好填满育苗盘的孔穴为宜（如果用穴盘播种机，基质填满育苗盘的孔穴三分之二为宜，播种后再用基质盖满），基质宜疏松，既不能压实，也不能中空。一般每穴播种一粒，播种深度为0.5～0.8厘米，播后均匀覆盖一层蛭石，适量喷水后将育苗盘摞叠在一起，一般8～10个苗盘为一摞，其下垫空盘，以保持苗盘内的适宜湿度及通气度，再覆盖地膜，催芽温度为25～30℃，一般5～7天即可出苗。出苗后即可将育苗盘摆放在育苗床上，再适当喷水增湿，以确保出苗整齐。

55. 山地辣椒苗期怎样管理？

（1）温湿度调控　辣椒幼苗生长适宜温度，白天20～25℃，夜间15～22℃，空气相对湿度保持在70%～80%为宜。

（2）病虫害防治　病害主要有猝倒病、立枯病、疫病等，虫害主要有蚜虫、烟青虫、小菜蛾等。

（3）薄施苗肥　基质育苗4叶前不需施肥，以后视生长情况用三元复合肥兑水成0.2%溶液浇施，注意施肥要稀，避免浓肥伤苗，隔5～7天施一次，随着苗龄的增长，可适当提高浓度，并在施肥后喷清水洗苗防叶面肥害。

移栽前3～5天用三元复合肥对水成0.5%溶液浇施作起身肥。

56. 山地辣椒怎样移栽和整枝?

(1) 适时适龄移植　地温回升稳定15℃以上，苗高15～20厘米、叶片6～10张，苗龄50天左右，一般在6月上旬至中旬移栽比较适宜。

(2) 整地施基肥　翻地晒白后，整成畦宽1.1米、沟宽0.3米、沟深0.3米，排水沟通畅。定植前半个月，结合整地于畦中间开沟深施基肥。每亩可施腐熟有机肥1 500千克，三元复合肥30～40千克。

(3) 合理密植　每畦种两行，株距视品种类型和株型而定，一般杭椒类品种以35～45厘米为适，羊角椒类品种以40～50厘米为宜。

(4) 整枝　待侧枝长至10厘米时，选择晴天上午将门椒下的侧枝全部抹掉，上部一般不需整枝。

57. 山地辣椒怎样进行肥水管理?

秧苗定植后，每亩浇施三元复合肥3～5千克（浓度0.3%），或0.1%～0.2%尿素水，促进早缓苗。为了预防青枯病等细菌性病害发生为害，在浇点根肥水时，可加入农用链霉素或新植霉素3 000倍，或77%可杀得可湿性粉剂500倍一起浇入。开花结果期要掌握前期轻施、结果期重施，少量多次的原则。开花后及时追施三元复合肥，每亩5～7.5千克，以保证花果挂满的植株生长需要。进入采收期后小尖椒每采收3～4次追肥1次，羊角椒每采收1～2次追肥1次，每亩施复合肥5千克，防止植株早衰，使植株健壮生长。另外，在开花结果期或后期天气转凉后用0.2%～0.3%磷酸二氢钾叶面追肥2～3次，减少落花落果。

要及时清理四周围沟和主排水沟，在梅雨季节连续降雨或台风大雨后，保持排水通畅。遇高温干旱及时灌溉补充水分。

58. 怎样适时采收山地辣椒？

门椒要适当提早采摘，采摘时间最好是早上或傍晚，连果柄摘下，轻拿轻放。羊角椒浆果充分生长，青色未转红时采收，分批采收，7～10天1次；小尖椒花后10～15天，长8～10厘米，果嫩辣味较轻时采收，分批采收，一般2天采1次，如采收过迟，辣味增强、品质变差。

采后的果实要放到阴凉处，防止日晒、雨淋，要及时分级包装，可用纸板箱、硬塑料周转筐、竹筐等包装，及时运往市场销售，贮运过程注意防止果实损伤。

59. 山地辣椒有哪些主要病害，怎样防治？

山地辣椒病害主要有疫病、炭疽病、病毒病、青枯病、脐腐病等。要做好开沟排水，防止田间积水，对排水不良的地块要做深沟高畦；与非茄科蔬菜合理轮作，控制土传病害的发生；病毒病预防须及时防蚜，一经发现应及时清理病株，减少病原，辣椒与玉米套种可减轻病毒病发生。

药剂防治方法：疫病在发病初期用50%烯酰吗啉可湿性粉剂1 500倍液，或72%霜脲氰·锰锌可湿性粉剂800倍液等交替喷雾。炭疽病发病初期可用25%嘧菌酯悬浮剂1 000倍液，或10%苯醚甲环唑水分散粒剂1 000倍，或60%唑醚·代森联水分散粒剂1 500倍，或75%百菌清800倍喷雾。病毒病预防可用10%磷酸三钠液浸泡辣椒种子20分钟，钝化种子所带病毒，发病初期对全园进行预防，药剂选用20%吗胍·乙酸铜可湿性粉剂500倍，或8%宁南霉素300倍，或20%病毒A可湿性粉剂400～600倍液喷雾。青枯病可用72%农用链霉素3 000倍液等药剂灌根。脐腐病为生理性病害，因缺钙引起，干旱会加重病情，在果实膨大期用含钙的叶面肥进行叶面喷雾补钙，防治效果良好。

60. 山地辣椒有哪些主要虫害，怎样防治？

主要虫害有蚜虫、烟青虫、茶黄螨等，应优先采用农业、物理、生物防治措施加以防治。利用黄板诱杀烟粉虱、蚜虫等害虫；每30～50亩范围内设置一台频振式杀虫灯可有效诱杀鳞翅目类害虫；采用昆虫性信息素诱杀害虫，每亩设置2～3个诱芯，每20～30天更换一次诱芯。

农药防治时，掌握防治适期、选择对口药剂，优先使用生物农药，遵守安全间隔期和施药次数，不同农药应交替使用，降低农药用量。蓟马、蚜虫可用5%啶虫脒乳油1 500倍，或25克/升多杀霉素悬浮剂1 500倍喷雾，喷药时重点喷叶子背面。烟青虫可用1.5%甲氨基阿维菌素苯甲酸盐1 500倍液或20%氯虫苯甲酰胺悬浮剂4 000倍液喷雾防治。红蜘蛛、茶黄螨等螨类可用1.8%阿维菌素5 000倍液等喷雾防治。防治红蜘蛛重点喷中下部叶片，防治茶黄螨重点喷嫩叶、嫩尖。喷药要细致，周到。同时要消灭杂草，及时清理田间枯枝病叶和植株残体。小菜蛾可喷1.5%甲氨基阿维菌素苯甲酸盐1 500倍液或20%氯虫苯甲酰胺悬浮剂4 000倍液防治。螨虫或美洲斑潜蝇可用1.8%阿维菌素乳油3 000～4 000倍液防治。

（二）瓜类蔬菜

61. 黄瓜的生长习性有哪些？

黄瓜是葫芦科甜瓜属一年生攀缘草本植物。主根明显，侧根多，根系易老化，断根再生能力差，不耐移植。茎蔓性，绿色，带刺毛，具有顶端优势，可无限自然生长，一般主蔓长达300厘米左右，茎粗1～2厘米，节长6～13厘米，单叶，呈掌状五角形，互生，叶表面被有刺毛和气孔。雌雄同株异花，具有单性结实性，上部比下部容易发生雌花，侧蔓比主枝容易发生雌花，黄瓜花常于清晨开放。果实为假浆果，瓜皮多为绿色，个别品种为黄白色；棱瘤或有或无、或大或小，刺有黑、褐、白之分，果皮和果肉也有厚薄不等。种子千粒重为20～40克。

黄瓜喜温暖，需强光，不耐寒也不耐热，种子发芽适温为27～30℃，开花结果期适宜昼温25～29℃，夜温18～22℃。采收盛期以后温度应稍低，防植株早衰，延长采收期。较短的光照可促进雌花分化，但不同品种对短日照反应不同。黄瓜既不耐旱也不耐涝，生长期间，适宜的田间持水量为80%～90%左右，空气相对湿度为90%，故山地黄瓜结果盛期应保持适宜的土壤湿度，从而提高产量和品质。

62. 怎样的山地环境条件适合黄瓜栽培，怎样安排生产季节？

种植山地黄瓜田块应选择土层深厚、疏松肥沃、富含有机质、酸碱度为中性或微酸性、水量充足、排灌良好、避开风口、2～3年以内未种过瓜类作物的地块。

黄瓜在海拔200～1 200米的山地均可种植，海拔400米以上种植的在供应淡季蔬菜上更显优势。山地黄瓜播种期一要考虑上市避开平地黄瓜的上市期，二是要抓住7～8月份的蔬菜淡季，同时也要考虑黄瓜品种特性。山地黄瓜一般从播种到开采只需45～50天，晚播的比早播的时间要短一点，海拔低的要比高的短一点，4月底至6月底都可播种，要根据当地的海拔高度和蔬菜生产方式选择最适播种期。可采用穴盘育苗或直播，早播的以穴盘育苗为好。

63. 适宜山地栽培的黄瓜品种有哪些？

选用优质、高产、耐热、抗病的优良品种，生产上主栽品种有：津春 4 号、津优 40 号、津优 1 号等品种。

津春 4 号 植株生长势强，分枝多、叶片较大、较厚、深绿色。主蔓结瓜为主，主侧蔓均有结瓜能力，且有回头瓜。瓜条棍棒型、瓜色绿、白刺、瘤明显。瓜条长 30～50 厘米，单瓜重 200 克左右。抗霜霉病、白粉病、枯萎病发病。

津优 40 号 生长势强，叶片较大，抗高温，一般亩产达 6 000千克左右。该品种成瓜性好，瓜长 33 厘米，横径 3 厘米，单瓜重 180 克，瓜色深绿，刺瘤中等，瓜条顺直、畸形瓜率低，尤其是光泽极好，外观漂亮，果肉绿色，口感脆嫩，味甜。抗黄瓜霜霉病、白粉病、枯萎病、病毒病。

津优 1 号 早熟，植株紧凑，长势强。主蔓结瓜为主，第 1 雌花着生在第 4～5 节，雌花节率 30%左右，回头瓜多，丰产性好。瓜条顺直，长 36 厘米左右，单瓜重 250 克左右。瓜色深绿，瓜把短，一般小于瓜长的 1/7。耐低温、高温、弱光能力强。抗枯萎病、霜霉病和白粉病，具有良好的稳产性能，适宜山地栽培。

津优 4 号 中早熟，植株生长势强。主蔓、侧蔓均可结瓜。春茬第 1 雌花着生在第 6 节左右，雌花节率 25%左右。瓜条顺直，长棒型，长 28 厘米左右，单瓜重 150 克左右，瓜把短，瓜皮深绿色，瘤显著，密生白刺。抗霜霉病、白粉病和枯萎病。耐热性强，在夏季 34～36℃高温条件下正常发育，适宜夏秋季山地栽培。

64. 黄瓜嫁接栽培有哪些好处？

黄瓜嫁接是利用南瓜根系发达，替换黄瓜根系的育苗方式。一是南瓜根系强大，入土深，吸肥吸水力强，嫁接后黄瓜植株生长健壮，耐低温抗高温，及抗旱能力大大增强，嫁接黄瓜不易早衰，采收期明显延长，为山地黄瓜增产增加了潜能；二是南瓜根系抗病力特强，减轻土传病害感染十分明显，也能减轻黄瓜生理性病害，对多种病害有预防效果，特别是能预防枯萎病发生。枯萎病是影响山地黄瓜发展和黄瓜丰产的主要因素，采用黄瓜嫁接栽培后，山地黄瓜不仅可连年种植，解决山区土地紧张轮作难度大等问题，而且能达到稳产，比不嫁接的黄瓜增产20%以上；三是因为抗病性的增强，大大减少农药的使用，减轻环境污染，提高产品的安全质量。

65. 如何选择黄瓜嫁接砧木品种及嫁接方法？

黄瓜嫁接的成活率，砧木品种起着关键作用，种植户应选择与黄瓜品种亲和力强的砧木品种。目前，黄瓜栽培的优良品种主要有津优系列、津春系列等品种，相应的砧木品种有黑籽南瓜、新一代砧木F1、全能铁甲南瓜籽、常青藤野生南瓜籽、台湾葫芦等品种。

黄瓜嫁接方法一般有插接法、劈接法二种。农户根据自己的方便，可随选一种。砧木要求采用营养钵或穴盘育苗，在嫁接前要浇足水，在苗上水珠干后方可嫁接。

插接法 砧木要比黄瓜提早4～6天播种，当砧木有1～2个真叶，黄瓜苗子叶展开时可进行嫁接，首先用刀片去掉砧木苗的真叶和生长点，用竹签从一子叶的基部内侧向另一子叶方向斜插，深度为0.6～0.9厘米；再用刀片在接穗子叶下方0.8～1厘米处，在子叶的侧面30度斜削一刀，翻过来同样一刀，成双斜面楔形，斜面长度0.6～0.9厘米；从砧木苗茎上拔出竹签，把接穗插入砧木的插孔中，要插到孔底部，不留空隙，接穗子叶与砧木子叶呈“十”字形。

劈接法 黄瓜比砧木要提早2～3天播种，当砧木南瓜露心时可进行嫁接，用刀片去掉砧木生长点，在子叶下面侧向1厘米处斜切0.6～0.8厘米的切口；以30度角将接穗胚轴削成双斜面契形，接面长0.6～0.8厘米；将接穗插入切口，使砧木和接穗组织紧密结合，用嫁接夹固定。

66. 黄瓜嫁接后怎样管理?

黄瓜嫁接后有个缓苗过程，以防水分过度蒸发导致接穗萎蔫，要求搭棚盖膜，以保床土湿润，并做好嫁接后的田间管理。

（1）光照和温度　嫁接后3天要在小拱棚上覆盖遮阴网，遮光度以嫁接苗不萎蔫为好，第3～5天早晚可少量进光，第6天后可掀开一部分遮阴网。嫁接后保持白天温度25～30℃，夜间16℃～20℃，成活后可逐渐增加温差。

（2）湿度　刚嫁接后要防接穗萎蔫，应保持床土湿润，一般用塑料薄膜严密覆盖，在2～3天内湿度控制在95%左右，3～4天后可通过遮光和换气相结合调节温湿度，逐渐与外界接触。当嫁接苗成活后，逐渐去掉小拱棚，降低湿度。

（3）除萌、去夹　嫁接苗在砧木切除生长点以后，砧木上仍然会有不定芽的萌发，应及时除去萌芽。在切除时，尽量不要松动已经愈合嫁接口的接穗和砧木子叶，不然会影响接穗的生长。当嫁接苗接穗长出新叶，表明嫁接已经成活，此时，除去嫁接口固定物，以免影响秧苗的生长。嫁接成活后，根据穴盘规格和营养钵大小及天气情况适期定植。

67. 山地黄瓜怎样整地施肥，种植密度如何掌握?

选择2～3年未种过瓜类作物的田块。播种前7～10天，深翻土地，亩施有机肥2 500～3 000千克，再加复合肥25千克，石灰100～150千克，撒施后翻耕作畦，畦面做成龟背形，畦宽连沟120～130厘米，沟深30厘米。

山地黄瓜在施足基肥的基础上，为防止植株脱肥、早衰，延长采收期，生产期间应加强水肥管理。追肥掌握“前轻后重、少量多次”为原则。定植后，及时浇灌定根水，前期一般不追肥。待根瓜坐稳后第一次追肥，每亩施复合肥10～15千克；进入采瓜盛期后，应增加追肥次数，每次追肥可施复合肥10～15千克；

结瓜后期可减少追肥或不追施肥料，根据生长情况，可喷施叶面肥 0.2%磷酸二氢钾，以防化瓜。同时，注意防涝。

山地黄瓜栽培密度视立地环境与土壤肥力而定，一般掌握每畦种植两行，株距 25～35 厘米，行距 60～70 厘米，亩栽 2 000～2 500 株。

68. 山地黄瓜怎样进行整枝摘叶？

黄瓜以主蔓结瓜为主，侧枝也都能结瓜，根瓜以下侧枝全部剪除，以上侧枝着生雌花后留 1～2 片叶摘心。山地黄瓜生长季节正值夏季，陆续采收后，应及时摘除下部的老叶、病叶，减少养分消耗，改善通风透光条件，促进植株生长，避免病害传播。

（1）摘叶应选择晴天的上午进行，避免伤口感染病害　如果在阴雨天摘叶、落蔓，可能引起更多危害。

（2）摘除老叶　基部老叶各种生理功能降低，光合效率下降，加上光照条件差，叶片光合作用制造的有机营养甚至还不能满足其自身需要，不能为植株生长提供营养，为非功能叶。同时，老叶密集会导致下部空气流通差，湿度大，病原菌极易从老叶处侵染发病。

（3）摘叶时保留叶柄　黄瓜叶柄中空，质脆，在疏除老叶时，若将叶柄一起摘除，很容易造成茎蔓受伤。若遇到连续阴天湿度大时，会使茎蔓伤口周围组织染病坏死，影响黄瓜正常生长。

（4）及时喷药防病　摘叶后，黄瓜伤口处流出很多营养液，容易感染细菌性病害，可在摘叶前后喷 72%农用链霉素 4 000 倍预防。

69. 黄瓜畸形形成的原因是什么？

黄瓜栽培过程中，由于栽培管理措施不当、授粉受精不良、空气干燥等原因都会产生畸形瓜。

（1）授粉不良　黄瓜具有单性结实性，单性结实能力强的品种，未经授粉或授粉不完全的雌花，在营养条件良好的情况下也可发育成正常的瓜条；在植株长势弱养分供应不足时，形成瓜条粗细不均匀的畸形瓜。但单性结实弱的品种，一般较难独自发育成果实。

（2）肥水不适　黄瓜果实发育过程中，营养供应不足，或不能持续均衡的供应；浇水过大，造成土壤水分过多，土壤氧气不足，根系呼吸受到抑制，导致根系吸收能力下降，造成植株长势弱，瓜条因“饥饿”而不能正常发育，容易形成细腰瓜和大肚瓜；土壤干旱，水分不足，植株长势不良，或果实形成期肥水过多，植株长势过旺，均导致营养生长和生殖生长的不协调，容易出现尖头瓜。

（3）病害侵染　黄瓜遭受病害侵染后极易造成瓜条畸形，如黄瓜病毒病、灰霉病等病害可直接危害瓜条，使瓜条停止生长，且成畸形；黄瓜霜霉病侵染叶片，影响养分的合成，导致瓜条发育所需养分供应不足，发育不正常而形成畸形瓜。

（4）其他因素　如在发育期间温度超过35℃或在花芽分化期遇到低温；或整个生长过程遇到连续阴天，光照不足等，都易出现畸形瓜。花芽分化期遇到低温时，雌花发育不全，形成两性花，结出短状形瓜。

70. 山地黄瓜有哪些主要病害，怎样防治？

山地黄瓜主要病害有枯萎病、霜霉病、疫病、细菌性角斑病、白粉病等。防治方法主要有：

（1）枯萎病　采用轮作、嫁接等农业措施预防，发病初期或发病前进行药剂灌根预防和治疗，定植后可选用50％多菌灵500倍液、50％福美双可湿性粉剂500倍液、30％恶霉灵500～1 000倍液等，在植株周围灌根，每穴300～500毫升，也可喷茎。每隔5～7天1次，连续2～3次。

（2）霜霉病　发病前进行预防，药剂选用75%百菌清可湿性粉剂600倍液、80%代森锰锌可湿性粉剂600倍液、75%代森锰锌可分散性粒剂600倍液等喷雾防治。发病初期，药剂选用72%霜脲·锰锌可湿性粉剂600～800倍液、64%恶霜·锰锌可湿性粉剂1 000倍液、55%烯酰吗啉1 000倍液等喷雾防治。

（3）疫病　发病初期，药剂选用72%霜脲·锰锌可湿性粉剂600～800倍液、72.2%霜霉威水溶性液剂800倍液、69%精甲霜锰锌水分散粒剂600～800倍液、55%烯酰吗啉1 000倍液等喷雾防治。隔7天用药1次，连续防治2～3次。

（4）细菌性角斑病　发病初期及时喷药防治，药剂选用77%氢氧化铜可湿性粉剂600倍液、20%噻菌铜悬浮剂500倍液、72%农用链霉素可溶性粉剂4 000倍液等，喷雾防治。隔7天用药1次，连续防治2～3次。

（5）白粉病　发病初期选用50%烟酰胺干悬浮剂1200倍液、50%醚菌酯干悬浮剂5 000倍液、10%苯醚甲环唑水分散粒剂1 000倍液、4%四氟醚唑水乳剂1 000倍液等，发病中心及周围重点喷施，每7天用药1次，连续防治2～3次。

71. 山地黄瓜有哪些主要虫害，怎样防治？

山地黄瓜主要虫害有蚜虫、斜纹夜蛾、瓜绢螟等。防治方法主要有：

（1）蚜虫　一是用色板诱杀；二是用药剂防治，宜尽早用药，药剂可选用1%阿维菌素乳油2 500倍液、10%吡虫啉可湿性粉剂2 000倍液、10%烯啶虫胺水剂2 000倍液等喷雾防治；

（2）斜纹夜蛾　斜纹夜蛾趋光性强，有产卵集中和初孵幼虫群集危害习性。首先采用诱杀灯和性诱剂诱杀；二是发现早可及时摘除叶片杀灭幼虫；三是药剂防治，应掌握在卵孵高峰至3龄幼虫分散前用药，药剂可选用5%氟虫脲乳油2 500倍液、24%氰氟虫腙悬浮剂1 000倍液、1%甲氨基阿维菌素苯甲酸盐乳油

1 500倍液喷雾防治。

(3) 瓜绢螟　应掌握在初孵幼虫高峰期喷药，药剂可选用10%虫螨腈悬浮剂2 500倍液、24%氰氟虫腙悬浮剂1 000倍液喷雾防治。

72. 瓠瓜的生长习性有哪些?

瓠瓜，别名长瓜、扁蒲、蒲瓜、夜开花等，为一年生攀缘草本植物。浅根系，侧根较为发达，主要分布在表土25厘米内，根系再生能力弱。茎蔓中空，密生白色茸毛，分枝性强，易生不定根。雌雄异花同株，异花授粉，多在夜间以及阳光较弱的傍晚或清晨开放。以侧蔓结瓜为主，嫩果皮多为浅绿色，披有白色茸毛，果肉白色，单果重0.5～1.5千克。

瓠瓜为喜温蔬菜，生长适温20～30℃，35℃以上高温对生长有影响。要求光照足，结果期间要求较高的空气湿度，空气相对湿度80%左右。瓠瓜较耐旱，不耐涝，多雨季节要注意排涝，干旱时要及时灌溉，早晚采用滴灌或灌跑马水。对土壤要求较高，要求土壤有机质含量丰富，保水保肥能力强。山地瓠瓜利用中低海拔山地夏秋季凉爽的气候条件下种植，一般从种子发芽到生长结束100天左右。

73. 怎样的山地环境条件适合瓠瓜栽培，怎样安排生产季节?

种植山地瓠瓜田块应选择土层深厚、疏松肥沃、富含有机质、酸碱度为中性或微酸性、排灌良好、阳光充足、2～3年以内未种过瓜类作物的地块，最好能水旱轮作栽培。

瓠瓜在海拔200～1 000米的山地均可种植，根据生产和市场情况一般海拔500米以下区域山地栽培于4月下旬始播，海拔500米以上高山区域越夏栽培5月下旬至7月上旬播种。早期播种要覆盖薄膜；后期播种的，温度已经逐渐升高，以遮阳网和防雨棚等设施覆盖育苗为佳。一般山地瓠瓜安排在4月下旬至5月上旬播种育苗（穴盘育苗），5月中下旬移栽，或4月底至5月上旬直播，6月下旬至7月下旬采收。前茬为春菜豆可接茬秋延后瓠瓜，一般在菜豆采收中后期，7月上中旬直播，8月下旬至10月上旬采收。注意前茬菜豆采收结束后保留田间架材并清理菜豆植株。

74. 适宜山地栽培的瓠瓜品种有哪些？

选用抗病、耐热、优质、高产、商品性好的优良品种，目前，山地瓠瓜主栽品种有浙蒲2号、浙蒲6号、浙蒲8号、杭州长瓜。

浙蒲2号 早熟，耐低温弱光，分枝性强，侧蔓第1节即可发生雌花；瓜呈长棒形，上下端粗细均匀，商品瓜长约45厘米，横径约5厘米，瓜皮色绿，皮面密生白色短茸毛，单瓜重约0.4千克；瓜肉乳白色，品质好，肉质致密，含水分低，质嫩味微甜；抗病毒病和白粉病能力较强。

浙蒲6号 熟性早，抗逆性强，座果性好；植株粗壮，叶片深绿色，心脏形；瓜皮油绿色，光泽度好，表面密生白色短茸毛；瓜条长棒形，上下端粗细均匀，商品瓜长度30～40厘米，横径约5厘米，单瓜重约0.4千克；高抗枯萎病，中抗病毒病和白粉病。

浙蒲8号 熟性较早，以侧蔓结瓜为主，侧蔓第1节即可发生雌花。瓜皮绿色，光泽度好，表面密生白色短茸毛；中棒形，瓜蒂部钝圆，粗细均匀一致，商品性佳，瓜长约30厘米，横径约6厘米，单瓜重约0.4千克；坐果性强，品质极佳，丰产性好。耐热性强，高温期畸形瓜比例低。抗枯萎病，适应性广。

杭州长瓜 早熟，生长势旺，不耐高温和干旱，分枝性强；瓜呈长棒形，下端稍大，商品瓜长40～60厘米，横径4.5～5.5厘米，瓜色淡绿，瓜肉乳白色，单瓜重0.5～1.0千克；品质好，肉质致密，含水分低，质嫩味微甜；注意防治病毒病和白粉病。

75. 山地瓠瓜播种育苗应注意什么？

瓠瓜播种前，种子需进行晒种、浸种和药剂等处理，确保种子发芽整齐、苗壮。先晒种1～2小时，然后用55℃的温水浸种15分钟，用水量为种子量的5～6倍，浸种时要不断搅拌，并随时补给温水保持55℃水温；或用药物浸种，先用清水浸种4～6个小时，再浸入10%磷酸三钠溶液或0.5%高锰酸钠溶液中浸泡20分钟，再捞出冲洗干净沥干待播。

穴盘育苗 应选择阳光充足、排灌方便田块做苗床，最好在大棚设施内育苗，设施条件不足的山地可搭建小拱棚，防雨保温。将浸种处理后的瓠瓜种子直接播入32孔或50孔的穴盘中，播后覆盖1厘米厚的蛭石或营养土，浇透头水，平铺地膜，保持基质湿润，当有30%种子发芽时，揭去地膜。由于山地瓠瓜育苗正值4月底5月上旬，白天加大通风，降低棚内温度，防止高温灼苗。同时，早晚应根据基质干燥程度及时补水，防止基质失水。苗龄掌握在15～20天左右，2叶1心期。

直播 每亩地用种量250克左右，每穴播2粒，播后覆土。如果覆盖地膜，在种子破土后要及时破膜，并用土压实破膜口，以防高温灼伤幼苗。

76. 山地瓠瓜怎样整地、施基肥、种植？

播种前10～20天深翻土壤，耙匀耙碎，施足基肥，每亩施充分腐熟有机肥2 500千克、复合肥25千克、生石灰100～150千克，撒施后整地作畦，深沟高畦，畦面整成龟背形，防止畦面积水，畦宽连沟150～180厘米，沟深30厘米左右。全畦覆盖黑色地膜或稻草，铺膜时，膜要紧贴畦面拉紧，膜四周和栽培穴处要用泥土压实、封严，防止被大风掀起。覆盖黑色地膜既可以调节土温、保水、保肥、减少杂草、减轻病虫害，还能防止土壤雨水冲刷和土壤板结，保持土壤疏松，有利于作物根系生长，是一项十分有效的护根栽培技术措施。

山地瓠瓜栽培密度视立地环境与土壤肥力而定，每畦种植两行，株距 60 厘米，行距 75～90 厘米，亩栽 1 000～1 200 株。

77. 山地瓠瓜怎样进行肥水管理?

山地瓠瓜生长期短，结果集中，除施足基肥外，还要追肥灌水。追肥的原则是前轻后重、少量多次，催瓜肥在根瓜坐住后追施，盛瓜肥在根瓜采收后进行。追肥宜薄施勤施。瓠瓜生育期内需要充足的肥水供应，前期控制肥水，防徒长，开花结果期加大肥水量，以促进瓜条的发育。

第一次追肥在第一次摘心后，每亩施复合肥 5～10 千克，促侧蔓生长。第二次追肥在第一次采收后，每亩施复合肥 8～10 千克，以后视植株生长情况进行追肥，追肥量为亩施复合肥 8～10 千克。追肥可以在两株之间穴施，也可以离植株 15 厘米处开2～3 厘米浅沟条施。根据植株长势，必要时进行叶面追肥，可选用绿芬威或植物动力 2003 等植物营养液。

前期控制土壤水分，开花结瓜期保持土壤湿润，高温少雨季节应注意灌水以避免土壤干燥，可灌跑马水，切忌漫灌；多雨季节要注意及时排水，做到雨止沟干。

78. 山地瓠瓜怎样进行打顶和摘叶?

瓠瓜主要由侧蔓结瓜，故应进行植株调整，及时打顶和摘叶，促使子蔓及孙蔓发生。当瓠瓜主蔓长 40～50 厘米，即有5～6片真叶时用 250 厘米长竹竿搭成“人”字架，绑蔓，并剪除基部侧蔓，使主蔓延竹竿生长。当主蔓长 100 厘米左右，即有7～9片真叶时开始打顶。去除第 7 节以下所有的侧蔓，上部留1～2个子蔓；每个孙蔓坐一个瓜后上留 2 片叶子打顶。及时摘除植株下部的病叶、老叶、不结瓜的无效侧蔓和采收后的侧蔓。打顶和摘叶宜选择晴天进行。打顶、整枝摘叶后用80%代森锰锌600倍等农药喷雾保护，预防病害发生。

79. 山地瓠瓜有哪些主要病害，怎样防治?

山地瓠瓜主要病害有病毒病、白粉病、枯萎病。尽量选择地势较高、排灌良好的地块，雨后及时排水降湿；施足底肥，适当增施磷、钾肥，增强植株抗病能力；及时整枝、摘除老叶、病叶、病果，并带出田外集中无害化处理，减少菌源传播，改善田间通风透光性；及时清除田间及地边杂草，清洁田园，及时防治蚜虫以防病毒病发生。

药剂防治应选择对口农药交替使用。瓠瓜病毒病可选用1.5%盐酸吗啉胍乳油1 000倍液，或2%宁南霉素水剂250倍液，或40%苦·钙·硫黄可湿性粉剂500倍液喷雾防治。瓠瓜白粉病发病初期及时用50%烟酰胺干悬浮剂1 200倍液，或50%醚菌酯干悬浮剂5 000倍液，或4%四氟醚唑水乳剂1 000倍液，或25%三唑酮可湿性粉剂1 500倍液喷雾防治。瓠瓜枯萎病出现中心病株后，及时喷雾与灌根相结合，每株灌药液250～500毫升，药剂可选20%丙硫咪唑可湿性粉剂3 000倍液，或96%恶霉灵可湿性粉剂3 000倍液防治。

80. 山地瓠瓜有哪些主要虫害，怎样防治?

山地瓠瓜主要虫害有蚜虫、斜纹夜蛾、瓜绢螟。防治蚜虫宜尽早用药，可选用1%阿维菌素乳油2 500倍液，或10%吡虫啉可湿性粉剂2 000倍液，或10%烯啶虫胺水剂2 000倍液等喷雾防治。防治斜纹夜蛾应掌握在卵孵高峰至3龄幼虫分散前用药，可选用5%氟虫脲乳油2 500倍液，或24%氰氟虫腙悬浮剂1 000倍液，或1%甲氨基阿维菌素苯甲酸盐乳油1500倍液喷雾防治。瓜绢螟应在初孵幼虫高峰期选用10%虫螨腈悬浮剂2 500倍液，或24%氰氟虫腙悬浮剂1 000倍液喷雾防治。

（三）豆类蔬菜

81. 豆类蔬菜根系与其它蔬菜有什么不同特点？

豆类蔬菜根系与根瘤菌共生形成根瘤。根瘤菌能吸收空气中的氮元素并将它固定下来，转化成植株能吸收的氮素，提供植株生长所需的养分。据资料介绍，豆类蔬菜生长所需的氮元素约有2/3来自根瘤菌固定，另外1/3由根系从土壤中吸收。不同豆类蔬菜所带的根瘤菌多少有差别，以嫩荚作为食用产品的菜豆、豇豆、扁豆的根瘤菌相对较少，而以老熟籽粒为食用产品的蚕豆、毛豆（中晚熟品种）的根瘤菌相对较多。虽然豆类蔬菜能形成根瘤固定氮素，但在苗期及生长后期根瘤菌提供的氮素较少，尤其是苗期根瘤未形成时更需要从土壤中吸收氮素供生长需要，因此，豆类蔬菜苗期和结荚盛期要追施氮肥。

豆类蔬菜根系发达，分布深而广，但根系容易木栓化，再生能力较弱，所以豆类蔬菜多为直播。为追求早上市，豆类蔬菜也有育苗移栽的，但苗期不宜太长，以免根系损伤后影响植株的生长发育。

82. 菜豆生长习性有哪些？

菜豆又名四季豆，要求土壤湿度保持在60%～70%为宜，过干则根系生长不良，影响开花结荚和豆荚的商品性；过湿或田间积水，会引起叶片发黄、脱落，甚至死亡。菜豆从土壤中吸收氮、磷、钾的比例为2.5∶1.0∶2.0，整个生育期内吸收氮、钾较多，并需一定量的钙、硼和钼，需磷不大，但磷肥对植株生长、根系及根瘤形成、花芽分化、开花结荚及种子发育都有促进作用。

菜豆喜温暖，不耐霜冻，有限生长品种耐低温能力强于无限生长品种。种子发芽最适温度20～25℃，低于10℃或高于40℃

不能发芽，35℃以上发芽受阻。幼苗生长适温18～20℃，短期的2～3℃低温会使幼苗失绿变黄，0℃受冻害，生育临界地温为13℃，低于13℃根系少而短，不长根瘤。花芽分化适温20～25℃，高于28℃或低于15℃容易出现不完全花，10℃以下低温和35℃以上高温落花落荚增多。

菜豆喜光，随着植株生长对光强度的要求也逐渐增加，光照较弱时，植株容易徒长，节间长、分枝少，容易造成落花落荚。大多数菜豆品种对光周期反应不敏感，属中间型，对日照长短要求不严，只要开花结荚期温度适宜，春秋均可栽培。

83. 怎样的山地环境条件适合菜豆栽培?

菜豆喜温暖，不耐炎热，长江流域夏季气候炎热，特别是在7～8月平均温度在28℃以上，不适宜菜豆的生长发育和开花结荚。春季或秋季栽培对海拔高度要求不严，但选择海拔300米以上区域才能显现山地菜豆错季上市的优势，海拔高度600米以上区域更加适宜四季豆生长，以越夏栽培为主，并可通过再生栽培延长其采收期。生产上要根据海拔高度选择适宜播种期，开花结荚期避开气温28℃以上的高温期。土壤要求有机质丰富、土层深厚、排灌水方便、pH 6.2～7.0的壤土或砂壤土为宜。生产上宜与非豆科作物轮作2～3年。

84. 如何安排山地菜豆生产季节，播种时应注意什么?

山地菜豆主要根据不同海拔高度安排生产季节。海拔500米以下丘陵山区，以春、秋两茬为主，春播在3月中下至4月上旬，秋播7月中下旬至8月上旬；600米以上中、高海拔山区适宜越夏栽培，以5月上旬至7月上旬采用分批播种。高山越夏栽培区域，随着海拔升高，播种期适当提前，反之播种期延后。

山地菜豆播种时应注意以下2点：

（1）精选种子　精选种子和晒种是山地菜豆齐苗、壮苗的关键。播前要剔除有病斑、有机械伤和混杂的种子，选用光泽度好、饱满的种子。播前晒种可提高发芽势和杀灭表皮部分病菌。

（2）合理密植　山地菜豆一般采用干籽直播，若土壤干燥，需先浇水后播种。在离畦边 10～15 厘米处开播种穴，播种穴以 3～5 厘米深为宜，每畦播两行，穴距 40～45 厘米，每穴播 2～3 粒种子，播后用细土或焦泥灰覆盖 1～1.5 厘米，同时应当培育备用苗，用于补苗。每亩大田需准备种子 2～3 千克。

85. 适宜山地栽培的菜豆品种有哪些？

山地菜豆一般选择主蔓为无限生长型的蔓生品种为主，目前主栽品种有：

（1）浙芸 3 号　植株蔓生、生长势强，耐热性较强，适应性广。叶色绿，花紫红色，商品嫩荚浅绿色，平均荚长 18 厘米，扁圆形，荚条较直，嫩荚肉厚，纤维少，商品性好，品质优，单荚重平均约 11 克。

（2）红花青荚　植株蔓生，较早熟，生长势强，始花节位 6～7节。播种至嫩荚始采约 45 天，叶浅绿色，花紫红色，豆荚扁圆形，结荚率高，荚长 17 厘米左右，口感好，耐热性较强，抗病性好。

（3）川红架豆　生长势强，播种到采收嫩荚约 45～55 天，植株蔓生，花紫红色，第一花序着生于 3～5 节，每花序结 3～4 条荚。豆荚长棍形近扁圆，嫩荚绿色，肉厚，嫩荚长 17 厘米左右，商品性好。

（4）珍珠架豆　早熟品种，生长势强，植株蔓生，茎紫红，结荚率高，嫩荚浅绿色，圆棍形，荚长 14～18 厘米、直径0.9～1.0 厘米，黑籽，每荚有种子 5～9 粒，纤维少，产量高。

（5）浙芸 5 号　植株蔓生、生长势强，花紫红色，嫩荚浅绿色，扁圆形，一般荚长 18 厘米，宽 1.2 厘米，厚 1.0 厘米，结荚率高。种子褐色，肾形，有光泽，较早熟，品质优，耐热性较好。

（6）绿龙架豆　中早熟，植株蔓生，分枝力强，长势旺盛。嫩荚扁条状，鲜绿色，荚长 28 厘米左右，宽 1.8 厘米左右，质地脆嫩，无筋，嫩荚及时采收品质极佳。结荚率高，丰产性好，并具耐寒、耐热、抗病毒病、叶霉病等特点。

86. 山地菜豆怎样整地施基肥？

菜豆播种前要早翻、深翻土壤，精细整地，做成深沟高畦，以利排水。一般畦宽连沟 1.5～1.8 米，沟深 25～30 厘米。菜豆根瘤菌固氮能力较弱，所吸收的氮素 50%来源于土壤，开花结荚期钾、磷的需求量大于氮，因此，山地菜豆栽培要施足基肥，增施磷、钾肥。结合整地做畦，在畦中间开沟，每亩施腐熟有机肥 2 000～2 500 千克或腐熟菜饼肥 50～75 千克，复合肥 25～30 千克，钙镁磷肥或过磷酸钙 30～35 千克，然后覆土。山地土壤 pH 值大多低于 6.0，故在结合土壤翻耕整地时每亩需撒施生石灰中和土壤酸性，减轻病害发生。

87. 山地菜豆如何查苗、补苗、搭架引蔓、打顶摘叶？

山地菜豆多采用直播，因此，当菜豆第一对真叶露出后，对缺株或机械损伤苗、病虫苗、弱苗要及时补苗，补苗移栽时宜选在晴天傍晚或阴天进行，栽植深度以子叶露出土面为宜，补栽后及时浇点根水。同时要进行间苗，拔除细弱苗和病虫危害苗，确保每穴留健壮苗 2 株即可。

蔓生菜豆 4～5 张叶片后即开始抽蔓，当蔓长 15～20 厘米（甩蔓前）就要及时搭架引蔓，以防株间互相缠绕，影响生长。选用长 2.5 米左右的小竹竿或其它架材，在每穴离植株根部10～15 厘米处插一根，深入泥土，并稍向畦内倾斜，在架材上部约

2/3 或 1/2 交叉部位放置一根架材作横梁，用绳子绑紧呈“人”字或“X”型架，并按逆时针方向引蔓上架。

山地菜豆植株出现旺长、只开花不结荚等现象时，要及时摘除植株下部的老叶和病叶，加强植株通风透光，可减轻病虫危害，提高结荚率。当主蔓快到架顶时，离架顶 10～15 厘米处进行主蔓打顶，同时加强肥水管理，以利促发侧枝和开花结荚，高海拔区域结合翻花还可进行再生栽培。

88. 山地菜豆怎样进行肥水管理？

山地菜豆在施足基肥的前提下，追肥掌握“早施，花前少施，结荚后薄肥勤施”的原则。①提苗肥。山地菜豆前期（甩蔓前）因根瘤尚未形成，根系吸肥水能力较弱，生长较慢。同时，5～6 月间山区夏季雨水较多，土壤容易板结，因此，必须进行中耕松土。在苗期和抽蔓期，视幼苗长势，结合清沟培土和除草，适时追肥 1～2 次，每次亩用复合肥 7.5～10 千克，促使根瘤尽快形成，加快幼苗生长和花芽分化。②开花结荚肥。一般在结荚初期（嫩豆荚 4～5 厘米），亩施 10～15 千克复合肥一次，促进开花结荚。结荚盛期每隔 7～10 天，亩施复合肥 15 千克一次，同时结合根外追施 0.2％磷酸二氢钾等叶面肥。

山地菜豆水分管理应掌握“先控后促”“干花湿荚”的原则。在苗期和抽蔓期要适当控制水分，防止茎叶徒长，利用水肥管理调节植株营养生长和生殖生长。开花结荚期，植株既长茎叶又开花结荚，植株需水量增加，要保持畦面湿润，以利植株生长，提高开花结荚率及产品质量。如遇雨水较多，应及时开沟排除田间积水，以利植株根系生长。

89. 山地菜豆怎样进行再生栽培？

山地菜豆采收 20～25 天后，植株生长减缓，花量减少，为防止早衰，通过继续加强肥水管理，促进基部侧蔓和腋芽早发旺长，植株继续开花结荚，称之再生栽培。

菜豆再生栽培技术要领：一是及时打顶并摘除植株病叶及衰老叶，注意保护原有花序，同时要加固架材，防止倒伏；二是重施肥水1～2次，每次亩施复合肥15～20千克，结合根外叶面喷施0.2%磷酸二氢钾等叶面肥，保持土壤湿润；三是做好菜豆病虫害防治。通过上述措施尽快促进植株侧蔓发生和生长，促使侧蔓发生大量花序、主蔓顶部潜伏花芽开花结荚。在良好的肥水管理下，再生菜豆一般可以延长采收期1个月以上，增产、增效明显。

90. 山地菜豆怎样防止落花落荚？

山地菜豆落花落荚的形成原因是多方面的，主要有两方面因素：一是植株营养缺乏。山地菜豆在4～5片真叶后就开始花芽分化，植株较早地进入营养生长和生殖生长并存阶段。初花期因营养生长和生殖生长之间养分竞争容易出现落花落荚；结荚盛期植株花序之间、开花和结荚之间养分竞争，容易导致晚开的花脱落。二是外界环境不适。山地菜豆开花期遇到28℃以上高温就会造成落花，长时间35℃以上高温落花率可达90%左右。田间湿度过大会造成花粉不易散发，导致落花落荚。此外，因播种过密或肥水管理不当造成疯秧、光照不足、病虫危害等都会造成落花落荚。

防止措施：

（1）*选择适宜的品种*　山地菜豆选用抗逆性强、耐热性好、结荚率高的红花、褐（黑）籽的品种。如浙芸3号、浙芸5号、红花青荚等。

（2）选择适当的播种期，开花结荚期要避开高温期。

（3）*加强肥水管理*　施足基肥，前期少施、轻施追肥，开花结荚期重施，增施磷钾肥。苗期、初花期控制浇水，开花结荚盛期要及时浇水，保持土壤湿润。雨后要及时排除积水。

（4）合理密植　山地菜豆种植以每亩 2 000 丛左右为宜，及时搭架引蔓上架，摘除老叶、病叶，提高植株通风透光率。

91. 山地菜豆有哪些主要病害，怎样防治？

山地菜豆主要病害有枯萎病、锈病、病毒病、炭疽病等，其主要症状：

（1）枯萎病　主要在花期开始表现，植株下部叶片先发病，逐渐向上扩展。染病植株叶片萎焉变褐色，后叶脉变褐色，并在叶脉两侧出现褪绿色斑点，逐渐变成黄褐色，最后整张叶片变黄脱落。病株根系发育不好，侧根少，根部皮层腐烂，容易拔起。发病中后期，剖视茎内维管束褐色变暗。

（2）炭疽病　从幼苗到收获均可发病。苗期一般发生在子叶上，呈红褐色凹陷溃疡状病斑。在叶背的叶脉上、沿叶脉扩展成三角形或多边形红褐色病斑，后变为黑褐色。叶柄和茎上病斑呈凹陷龟裂。豆荚染病，初时为发白的水浸状，扩展后病斑呈暗褐色，边缘有红色晕圈，圆形、凹陷。湿度大时病斑中部有粉红色黏液。在天气凉爽、多雨、多雾的季节发病重。此外，地势低洼、连作、种植密度大、土壤黏重的菜地，均易发病。

（3）锈病　是山地菜豆中后期的常见病害，主要危害叶片，严重时也可危害豆荚、茎。初发病时，先在叶背产生淡黄色小斑，逐渐隆起形成红褐色疱斑（夏孢子堆），周围有黄色晕圈，病斑表皮破裂后散发出红褐色粉状物（夏孢子）。到了后期，夏孢子堆转变为黑色冬孢子堆，冬孢子堆表皮破裂后产生黑色粉状冬孢子，叶片枯黄脱落。多年连作、地势低洼、排水不良、播种过密、通风透光差的田块发病重。

（4）病毒病　是菜豆主要病害之一，近年来发病逐年增多，山地秋季菜豆发病尤为严重。植株受害后叶片褪绿，明脉，形成黄绿相间的花斑或凹凸不平，叶片扭曲畸形，皱缩，植株生长受到抑制，株形矮小，开花延迟或落花，结荚明显减少，豆荚短小。菜豆病毒病主要由普通花叶病毒、黄花花叶病毒、烟草花叶病毒和芜菁花叶病毒等多种病毒侵染引起。病源主要来源于种子，生长期主要靠蚜虫传播。高温干旱，蚜虫发生重是此病害发生的重要引发条件。

菜豆病害主要防治措施有：

（1）进行种子消毒　播前可用种子干重0.3%～0.4%的50%多菌灵可湿性粉剂拌种，或用50%多菌灵可湿性粉剂500倍液浸种3～4小时。

（2）合理轮作　提倡水旱轮作或与非豆科作物实行3～4年的轮作。

（3）加强管理　深沟高畦，追施磷钾肥，雨后及时中耕，及时清除病株、落叶、落花等。

（4）药剂防治　在田间出现零星病株时，选用适宜的药剂对病株进行防治。真菌性病害可选用20%噻菌铜悬浮剂500倍液，或70%丙森锌可湿性粉剂700倍液，或70%甲基硫菌灵500～800倍液，或77%氢氧化铜可湿性微粒粉剂500～600倍液等药液喷雾。发生枯萎病时要在病株基部和周围土壤灌药处理。细菌性病害可选用噻菌铜悬浮剂或氢氧化铜或农用链霉素防治。病毒病可用病毒A等药剂防治。

92. 山地菜豆主要有哪些虫害，怎样防治？

山地菜豆主要虫害有：豆蚜、豆野螟、朱砂叶螨、美洲斑潜蝇等。

（1）豆蚜　别名花生蚜、苜蓿蚜，属同翅目蚜科。成虫或若蚜群集刺吸植株嫩叶、嫩茎、花及豆荚的汁液，造成叶片卷缩发黄、变形、植株生长不良。蚜虫为害后常常会带来多种病毒，引起病毒病的发生。易引发煤污病，会在叶面生成黑色霉菌，影响光合作用，造成减产。

（2）豆野螟　别名豇豆野螟、豆荚野螟，属鳞翅目螟蛾科。

幼虫为害豆叶、花及豆荚，成虫白天隐藏在植株隐蔽处不活动，以夜间活动为主，有趋光性。雌蛾在大花蕾或花瓣上产卵，低龄幼虫随即蛀入花蕾进行危害，可一直在花蕾中取食直至老熟幼虫，或随花瓣粘在豆荚上，幼虫蛀入豆荚内继续危害，然后脱落化蛹。幼虫有转花、荚危害的习性，3 龄幼虫开始排出大量粪便，遇雨天容易引起腐烂。

（3）朱砂叶螨　别名红蜘蛛，属真螨目叶螨科。以成螨和若螨集中在叶背或幼嫩部位吸取汁液，被害叶片增厚僵直、变小或变窄，叶背呈灰白色或淡黄色，叶缘向下卷曲。幼茎变褐，花蕾畸形。豆荚变褐色、粗糙无光泽，植株矮小。

（4）美洲斑潜蝇　别名蔬菜斑潜蝇、瓜斑潜蝇等。成虫、幼虫均可危害，以幼虫为害为主。幼虫潜入叶片，蛀食上下表皮间叶肉，形成弯曲不规则的白色隧道，终端明显变宽，影响叶片光合作用和养分输送，造成叶片过早脱落或枯死，降低豆荚产量和品质。成虫的取食也会造成一定危害。

其主要防治措施有：

（1）农业防治　种前深翻土地，生长期间及时中耕松土，清除残株落叶、落花、落荚，并摘除被害叶片和豆荚，减少虫源，铲除杂草，合理密植，加强田间通风透光，促进植株健壮生长，增强抗性。

（2）物理防治　利用虫的趋向性，在田间悬挂黄板诱杀蚜虫。在田间安装频振式杀虫灯，诱杀豆野螟、豆荚螟等害虫。

（3）药剂防治　防治蚜虫宜及早用药，将其控制在点片发生阶段。药剂可用20%苦参碱可湿性粉剂 2 000 倍液，或 10%吡虫啉可湿性粉剂 1 500 倍液等药液进行喷雾防治，重点喷施叶片背面。豆野螟可用 5%氯虫苯甲酰胺胶悬剂 1 000 倍液，或 15%茚虫威 4 000 倍液，上午 10 点前或傍晚进行喷雾防治，重点喷施植株花蕾、嫩荚和落地花。红蜘蛛在点片发生时及时喷药防治，药剂可用 0.3%印楝素乳油 1 000 倍液，或 5%噻螨酮乳油

2 000～2 500 倍液，重点喷治植株上部嫩叶背面、嫩茎、生长点和幼荚等部位。美洲斑潜蝇掌握在 2 龄幼虫期前及时喷药防治，药剂可用 1.8%阿维菌素 1 000 倍液，或 1%阿维菌素乳油 1 500 倍液，或 50%灭蝇胺可湿性粉剂 2 000～3 000 倍液。

93. 豇豆生长习性有哪些?

豇豆为深根性蔬菜，主根明显，成株主根深达 80 厘米，根群主要分布在 15～25 厘米的耕作层。对土壤适应性广，以排水良好、有机质丰富、土层深厚、pH 值 6.2～7.0 的壤土或沙壤土为适宜。栽培时应与非豆科作物进行 2～3 年轮作。豇豆根系发达，吸水能力较强，较耐旱。苗期要适当蹲苗，开花结荚期要求有适当的水分，如雨水多，土壤湿度大，不利于豇豆根系和根瘤菌活动，甚至烂根发病，引起落花落荚。豇豆授粉期间空气相对湿度以 70%～80%为宜。

豇豆耐热性较强，不耐霜冻。种子发芽最适温度 25～30℃，最低发芽温度为 10℃。植株生长适温 20～30℃，但对低温敏感，10℃以下生长受到抑制，5℃以下不能生长发育。豆荚生长最适温度 25℃，低于 20℃豆荚生长迟缓，易出现弯曲、锈斑，结荚期温度高于 38℃时，受精不良，落花落荚增多，容易导致“歇伏”现象，降低产量。豇豆喜光，开花结荚期需要良好的光照条件，光照不足容易导致落花落荚。豇豆属短日照作物，秋豇 512 等为秋季专用品种，但大多数品种对日照长短要求不严，春秋均可播种。

94. 豇豆有哪些类型和优良品种?

豇豆以嫩荚为食用器官，按其果荚颜色可以分为绿色、浅绿色或紫红色；按照种皮颜色可以分为红色、黑色、褐色和白色；按其生长习性可以分为蔓性、矮生等类型。

（1）矮生种　植株高约 50～70 厘米。侧枝较多，成熟早，生长期短，收获期短而集中，产量低。主要品种有一丈青、之豇矮蔓1号等。南方地区栽培面积较少。

（2）蔓性种　主侧蔓均为无限生长，茎蔓生长旺盛，顶芽为叶芽，生长势强，茎蔓可超过3米，叶腋间可抽生侧枝和花序，陆续开花结荚，生长期长，产量高。

生产上以蔓性品种为主，主要有：

（1）之豇106　较早熟，蔓生，分枝少，叶色深，叶片小，不易早衰。单株结荚8～10条以上，每花序可结2～3条，单荚种子数13～18粒。嫩荚油绿色，适合当今消费需求，荚长约60厘米，单荚重约20克，豆荚肉质致密，耐贮性好，商品性佳。耐热性强，高温季节能正常生长。抗病毒病、锈病、白粉病能力强。耐贮性好，室温下（约25℃）贮藏期比“之豇28-2”延长12个小时。

（2）春宝　中早熟，植株蔓生，生长势强，花浅紫色。叶片小，双荚率高，荚长约60厘米，荚厚0.83厘米，嫩荚绿色，有光泽，荚形美观，荚肉紧实，纤维少，味甜爽口，抗病性、抗逆性强。播种至初收，春植约50天，秋植40～45天，可延续采收40天。

（3）之豇60　蔓生，中熟，宜秋季露地栽培，播种至始收需40～45天，花后9～12天采收，采收期20～35天，全生育期65～80天。植株生长势较强，不易早衰；主侧蔓均可结荚，主蔓约第6节着生第一花序；单株结荚数8～10荚，每花序一般结2荚，平均单荚种子数17.1粒；商品荚绿色，平均荚长63.3厘米，平均单荚重26.7克。田间表现抗病毒病和根腐病，耐连作性好。

（4）之豇108　中熟，蔓生，生长势较强，分枝较多。初荚部位略高，约第5节着生第1花序，单株结荚数8～10条，每花序可结2～3条，单荚种子数15～18粒。嫩荚油绿色，荚长约70厘米，平均单荚重26.5克，肉质致密，耐贮性好。根系强劲，抗逆性强，对病毒病、根腐病和锈病综合抗性好。

（5）彩蝶2号　早中熟，蔓生，生长势强，分枝力中等。主侧蔓均可结荚，以主蔓结荚为主，始花节位4～5节，中上层结荚集中，连续结荚能力强。商品荚嫩绿色，荚长60～70厘米豆荚整齐一致。口感脆嫩、风味佳。

（6）帮达2号　中熟，植株生长势强。嫩荚白绿色，荚长70厘米左右，抗老化。抗逆性强，耐高温，对光照不敏感，适应性广，尤其适宜夏播伏缺上市，春夏两季栽培均适宜。

95. 山地豇豆怎样播种？

豇豆植株耐热性强，春、夏、秋均可山地栽培。但春季栽培时，因豇豆抗寒能力弱，一般在土温稳定在10～12℃以上时才可播种，多采用直播。一般海拔300～500米区域，3月下旬至8月上旬均可播种。播种前要提早深翻土地，做成深沟高畦，以利排水。山地种植畦宽连沟1.5～1.6米，沟深25～30厘米。豇豆前期根瘤菌固氮能力较弱，要重施基肥特别是磷钾肥以利根系发育。结合整地做畦，在畦中间开沟施基肥，一般每亩沟施充分腐熟有机肥1 000～1 500千克、过磷酸钙50千克、硫酸钾20～30千克。播种前还要精选种子，剔除破损、带病、虫种子，采用种子重量0.5%的50%多菌灵可湿性粉剂拌种。种植密度应根据栽培品种、栽培措施等不同有所差异。如以主蔓结荚为主，茎叶细小的品种可适当密植，青豆荚品种比白豆荚品种要适当密植，整蔓的比不整蔓的适当密植。但一般按株行距35厘米×70厘米左右穴播，播种深度3厘米，每穴播3～4粒种子，每亩大田需要种子1千克左右。出苗后要及时补缺，并间去病、弱、小苗，每穴留2株苗。

96. 山地豇豆怎样进行肥水管理？

豇豆需肥量大，其根瘤菌也不及其它豆科蔬菜多，尤其是苗期根瘤菌未完全形成，所以生长前期要适当追施氮肥，以促进根瘤的形成。氮肥应与磷钾肥配合施用，不宜偏施氮肥，防止茎叶徒长，延迟开花结荚甚至落花落荚。开花结荚后，根瘤活动旺盛，植株需肥量加大，对氮、磷、钾等元素的需求迅速增加，应在施足基肥的基础上，增施磷钾肥，以防植株早衰。

豇豆追肥应重点把握提苗肥和开花结荚肥。在苗期结合中耕松土，视秧苗长势，适时追施提苗肥 1～2 次，每次亩施复合肥 10 千克，促使根瘤尽快形成，加快幼苗生长和花芽分化。豇豆开花结荚要消耗大量养分，对肥水要求较高，在第一花序开花结荚时可重施开花结荚肥，每亩追施复合肥 10～20 千克，每 7～10 天一次。盛荚期后，应保持充足的肥水，同时进行根外追施 0.2%磷酸二氢钾等叶面肥，促进植株恢复生长和潜伏花芽的开花结荚，促使植株“翻花”，延长采收期，提高豇豆产量。

97. 山地豇豆栽培怎样做到先控后促？

豇豆根系较发达，生长旺盛，容易出现营养生长过旺的现象。播种出苗后结合间苗，及时进行中耕、松土、覆盖保墒增温，适当蹲苗，以促进根系发育，控制茎叶徒长。出现花蕾后，可浇小水，再行中耕。初花期不浇水，待第一花序开花结荚，后几节花序显现时浇足头水。进入结荚高峰期，要充分供应肥水，保持土壤湿润，使开花结荚数增多，防止植株脱肥早衰。

98. 什么是豇豆的“伏歇”？如何防止？

豇豆第一次产量高峰后，植株长势变差，新根发生减少，侧蔓很少抽生，叶色发黄、脱落，开花结荚数量减少，第二次产量高峰难以出现。这个阶段大多发生在伏天，所以称为“伏歇”。

出现“伏歇”现象主要原因：①播种过晚。随着气温升高，第一个结荚高峰后，植株生长受到抑制，连续结荚的第二个结荚高峰难以形成。②第一个结荚高峰消耗了大量养分，而肥水供应不及时，造成植株早衰，第二个结荚高峰也就不能形成。③整枝摘心不及时，导致侧蔓发生减少，造成“伏歇”。

为避免“伏歇”现象，应采取适期播种、合理密植、施足底肥、适时追肥、整枝摘心等措施，促发豇豆第二个结荚高峰，提高豇豆产量。

99. 山地豇豆怎样防止早期落叶？

豇豆在采收盛期会出现大量落叶，造成植株下部光秃，新枝不抽发，严重影响产量。

豇豆发生早期落叶的主要原因有：①定植过早，因地温低，植株根系发育不好，营养生长不良，造成落叶。②干旱或雨水过多导致叶片脱落。③脱肥早衰、病害等造成落叶。

防止方法：①选用良种，适期播种。②选择排灌方便的沙质壤土，雨季加强排水。采用微灌技术，保持土壤湿润。③进入采收期后，加强肥水管理，满足茎、叶、荚生长需要，进入生长盛期后增施0.2%磷酸二氢钾等叶面肥，促进茎叶健壮生长，加强煤霉病等病害防治，防止植株早衰。

100. 山地豇豆如何进行植株调整？

为有效调节豇豆营养生长与生殖生长的平衡，促进开花结荚，可采取以下整枝方法：

（1）搭架引蔓　植株5～6片叶时，选用小竹杆搭成高2.5米左右的“人”字或“X”型架，及时引蔓上架。

（2）抹除侧芽　植株第一花序以下的侧蔓，长到3～4厘米时，将其抹去，保证主蔓健壮生长。

（3）摘除腰杈　植株主蔓第一花序以上各节位上的侧蔓，保留2～3片叶后摘心，促进侧蔓上形成第一花序。盛荚期后，在距植株顶部60～100厘米处的原开花节位上，还会再次抽生侧蔓，也应摘心保留侧花序。

（4）打顶摘心　主蔓高达 2～3 米时打顶，促进下部侧蔓花芽形成。

101. 山地豇豆采收应注意什么问题？

蔓性豇豆从播种至采收一般需要 60～80 天。当豆荚充分长成，荚条粗细均匀，豆荚饱满，显现品种固有的色泽，尚未“鼓豆”，即达到商品成熟时，应及时采收。在盛果期应每天采收 1 次，后期可隔天采收 1 次。

豇豆为总状花序，每个花序上有 2～5 对花芽，通常只能结一对荚，但也有营养水平高的植株能结 2 对或多对荚，因此采收时要尽量不损伤花序上其他花芽和嫩荚，保护好花序。

102. 山地豇豆有哪些主要病虫害，怎样防治？

山地豇豆主要病害有：根腐病、锈病、白粉病、煤霉病、炭疽病、病毒病等。

（1）根腐病　早期症状不明显，直到开花结荚时植株矮小，下部叶片从叶缘开始变黄，枯萎，不脱落，病株容易拔起。茎的地下部和主根变成红褐色，病部稍凹陷，有的开裂深达皮层，侧根脱落腐烂，甚至主根全部腐烂。病菌主要通过雨水、灌溉水、工具和带菌肥料传播，从根部伤口侵入致皮层腐烂。在土质黏重、过湿、偏酸、肥力不足和管理粗放的连作地上发病较严重。

（2）锈病　多发生在叶片上，茎和豆荚也发生。叶片初生黄白色斑点，逐渐扩大，呈黄褐色疱斑（夏孢子堆），周围有黄色晕圈，表皮破裂，散出红褐色粉状物夏孢子。后期在夏孢子堆或病叶其它部位上产生黑色的冬孢子堆。严重时，植株长势衰弱，病斑布满叶片，受害叶片枯黄脱落。病菌主要借助气流传播，在高温、多雨季节发病重，多年连作、地势低洼、排水不良、通风透光差的田块发病重。

（3）白粉病　主要危害叶片，也可侵害茎蔓和豆荚。叶片发病，初始时在叶背产生黄褐色小斑，扩大后为不规则褐色病斑，并在叶背或叶面产生白粉状霉层。严重时，多个病斑相互连接，并沿着叶脉扩展成粉带，颜色转变成紫褐色，病斑布满全叶，最后导致叶片迅速枯黄，并引起大量落叶。茎蔓和荚发病，产生白色粉状霉层。严重时，可布满茎蔓和荚，使茎蔓干枯，荚干缩。病菌喜温暖潮湿的环境，最适发病温度为20～30℃，相对湿度40%～95%，开花结荚中后期最易感病。温度偏高、多雨年份发病重，多年连作、地势低洼以及通风透光差的田块发病重。

（4）煤霉病　主要危害叶片，也可侵染茎蔓和豆荚。发病初期，叶片正反两面产生褐色斑点，逐步扩大呈近圆形或不规则病斑，病斑边缘不明显，湿度大时病斑表面着生暗灰色或灰黑色煤状霉层，叶背面最为密集。发生严重时，多个病斑连接成片，遍布全叶，导致叶片枯黄脱落。病菌借助气流传播，在高温、高湿、地势低洼、排水不良、植株长势弱时容易发病。

（5）炭疽病　幼苗期、成株期均可发病。叶片主要发生在叶背的叶脉上，发病初期表现为红褐色条斑，并扩展为多角形网状斑；茎部受害后，病斑呈细条形，锈褐色，凹陷，龟裂；豆荚初期为褐色小点，后扩大为圆形或近圆形黑褐色斑，湿度大时病斑上溢出粉红色黏稠状物。病菌经昆虫、风雨传播，在冷凉多湿、多雾、露水重时发病重。地势低洼、种植过密、土质黏重、排水不良均可加重此病发生。

（6）病毒病　整个生育期都可危害，以秋豇豆受害最为严重。发病初期在叶片上产生黄绿相间的花斑，叶片扭曲畸形，叶片变小；病株生育缓慢、矮小，开花结荚少。豆荚瘦小细短，产生黄绿花斑。幼苗发病，表现为植株矮小，新生叶片皱缩甚至死亡。此病由豇豆花叶病毒、黄瓜花叶病毒等多种病毒引起，可单独侵染危害，也可2种或2种以上复合侵染。病毒主要吸附在种子上越冬，也可随病残体遗留在田间越冬，成为翌年初侵染源。

病毒喜高温干旱的环境，在持续高温干旱天气或蚜虫大发生时，发病严重。

主要防治措施：

（1）农业防治　选用抗病品种；合理轮作，与非豆科作物轮作2～3年；深沟高畦种植；增施磷钾肥，提高植株抗病能力；及时整枝，加强通风透光；发病初期摘除病叶，拉秧时及时清除病残体，减少病源；在播种时用种子重量0.5%的50%多菌灵拌种消毒。

（2）药剂防治　锈病在发病初期可选用10%苯醚甲环唑可湿性粉剂1 000倍液，或62.25%仙生可湿性粉剂600倍液防治。白粉病在发病初期可选用62.25%仙生可湿性粉剂600倍液，或25%吡唑醚菌酯乳油2 000倍液，或12.5%腈菌唑乳油1 500倍液等喷雾防治。煤霉病在发病初期选用77%氢氧化铜可湿性粉剂1 000倍液，或50%腐霉利可湿性粉剂1 000倍液，或80%代森锰锌可湿性粉剂600倍液喷雾防治。炭疽病在发病初期选用16%己唑·腐霉利可湿性粉剂1 500倍液，或80%代森锰锌可湿性粉剂500倍液等喷雾防治。病毒病要及时治蚜，药剂可选用2%宁南霉素水剂200倍液，或10%吗啉胍加10%乙酸铜可湿性粉剂500倍液等防治。

山地豇豆主要虫害有豆荚螟、豆野螟、豆蚜、朱砂叶螨、美洲斑潜蝇、小地老虎、蓟马等，其主要危害症状及防治方法参照菜豆。

103. 毛豆生长习性有哪些？

毛豆根为直根系，由主根、侧根、根毛组成，根系较发达，根群主要分布在0～20厘米表土层，侧根在7～8厘米范围内较为粗大，可在表土平行扩展50厘米左右。毛豆对土壤的要求并不严格，也比较耐干旱，但以土层深，排水良好的土壤为好。种子发芽需要较多的水分，开花时要求土壤含水量在70%左右，结荚时又需较多的水分，即“干花湿荚”。毛豆因有根瘤菌固氮，故不需多施氮肥，而增施磷肥对增产有明显效果，较适宜氮磷钾比例为 1∶1.5∶0.5。

毛豆性喜温暖，种子在 10℃左右开始发芽，适温为 20℃，温度过低不仅发芽迟缓，而且种子容易在土壤中腐烂。幼苗出土时能耐短时间的低温。生长适温为 20～25℃，低于 14℃则不能开花。短日照植物，在长日照条件下开花延迟，甚至不开花。南方有限生长类型的早熟品种，对光照要求不严，可春秋两季种植。

104. 怎样安排山地毛豆生产季节？

山地毛豆的栽培类型有低海拔小拱棚覆盖栽培、低海拔露地栽培、中高海拔露地栽培等形式，早春栽培一般选用早中熟品种，如选用迟熟品种，易引起不结荚，可选用引豆 9701、沪宁 95-1、青酥 2 号、青酥 4 号等品种。秋季与高海拔栽培一般宜选用中迟熟品种。①低海拔小拱棚覆盖栽培一般于 2 月中下旬至 3 月初播种，可采取育苗移栽或直播方式，亩保有正常苗 2 万～2.5 万株。②低海拔露地栽培于 3 月中下旬至 6 月上旬露地直播，直播穴距 20～25 厘米，行距 30～35 厘米，每穴播 3～4 粒、定苗 2～3 株，每亩保有正常苗 1.5 万～2 万株。③中高海拔地区栽培可于 5 月中下旬至 6 月上旬露地直播。高山毛豆一般株形较大，种植时应充分考虑个体生长优势，亩保有正常苗 1 万～1.5 万株。

105. 种植山地毛豆可选哪些优良品种？

浙江一带山地毛豆一般以鲜嫩豆荚作为菜用，都为有限生长类型，植株高约 40～60 厘米，主侧枝生长到一定程度顶芽成为花芽，上部先开花，后向上或向下延续开花，花期较集中，豆荚主要集中在中部。主要栽培品种有引豆 9701、沪宁 95-1、春丰早、浙农6号、浙农8号、青酥2号、台75等。

引豆9701 早熟，有限结荚习性。株高30～35厘米，株型较紧凑，结荚集中，鲜荚绿色，二、三粒荚多，百荚鲜重220～230克。春播出苗至采收鲜荚平均73天，鲜荚采收期弹性大，较耐肥抗倒；鲜荚豆粒蒸煮酥糯、微甜，风味好。

沪宁95-1 极早熟，有限结荚习性。株高40厘米，分枝2～3个，9～11节，荚多而密，鲜豆百粒重65～70克。适宜春播，常规栽培播种到采收70～75天。

春丰早 早熟，有限结荚习性。株型紧凑，株高30～35厘米，分枝性中等，叶绿，叶柄较短。单株结荚数25～30个，以2～3粒荚为主，荚绿色，百荚鲜重230克左右，鲜豆百粒重68克左右。适宜春播，播种到采收商品嫩荚80天左右，平均亩产鲜荚约550千克。

浙农6号 早中熟，有限结荚习性。株型紧凑，平均株高46.5厘米、主茎节数8.7个、有效分枝3.7个。平均单株有效荚数20.3个，荚长6.2厘米，宽1.4厘米，每荚粒数2.0粒，百荚鲜重294.2克，鲜豆百粒重76.8克。口感柔糯略带甜，品质佳，适宜采收嫩荚鲜食和加工出口。

浙农8号 早熟，有限结荚习性。株型紧凑，株高37厘米左右，节数7～8个，有效分枝3～4个。单株有效荚数22个，标准荚长5.2厘米，宽1.3厘米，三粒荚比例30%以上，平均每荚粒数2.1粒，百荚鲜重254.2克，鲜豆百粒重70.3克。豆粒绿色，大小均匀，品质佳，适宜商品嫩荚鲜食。对病毒病抗性强，较耐肥抗倒伏。

青酥2号 早熟，株型矮小，生育期短，播种至采收约75～78天，单株荚重90克以上，最多可达176克。鲜豆百粒重70～75克，豆粒大而饱满，色泽鲜绿，荚毛灰白，色泽碧绿，2粒荚长可达6厘米，荚宽1.5厘米以上，是鲜食和加工兼用型品种。

106. 山地毛豆如何播种育苗和定植?

山地毛豆种植既可直播，也可育苗移栽，在低海拔区域山地早春栽培时，一般采用育苗移栽，露地或中高海拔栽培一般采取直播。

育苗移栽要点如下：

（1）做好育苗床　选择有机质含量丰富、疏松肥沃、pH 值 6.5～7.0、排灌方便的壤土或沙壤土。播前要提前整地，畦面要整细、整平，畦宽 1.2 米，待播。

（2）播种　3 月上旬左右育苗。播前要浇透水，将种子均匀撒在畦面，稍加镇压，使种子与泥土充分接触，盖上 0.5～1 厘米厚的细土，再盖一层稻草和地膜，最后加盖小拱棚保温。大田亩用种量为 7～7.5 千克。

（3）苗期管理　①出苗前以保温为主，小拱棚内温度控制在 25℃左右，以利快出苗，出齐苗；②子叶破土后，应及时揭除稻草和地膜，白天温度控制在 20～25℃，晚间 12～16℃为宜。控制好水分，避免出现高脚苗；③子叶展开后要逐步进行通风炼苗。

（4）适时定植　在子叶展开至第一片真叶出现时为最佳移栽期，苗龄 20～25 天，选择冷尾暖头晴天定植。株行距 30 厘米×35 厘米，每穴种 3 株。

107. 山地毛豆怎样进行肥水管理?

山地毛豆要在播种或定植前 10 天深翻土地，精细整地，结合整地亩施充分腐熟有机肥 1 000～1 500 千克作基肥，平整畦面时施入三元复合肥 20～25 千克，做成畦宽连沟 1.6～1.8 米，沟深 25 厘米的龟背型畦，覆盖地膜。酸性土壤在整地时还应施入石灰，中和酸性，减轻根部病害的发生。

（1）壮苗肥　在第一片复叶展开时，结合中耕松土，亩追施尿素3～5千克、氯化钾6～8千克，或复合肥10～15千克，加快幼苗生长和花芽分化。

（2）花荚肥　毛豆在施足基肥的前提下，在始花期亩施尿素3～5千克，促进开花结荚，在盛花初荚期再亩追施尿素3～5千克，保花增荚，然后中耕覆土。

（3）叶面肥　在盛花期和鼓粒初期，亩用磷酸二氢钾100克、硼砂100克、尿素500克兑水35千克，或可用喷施宝5～10毫升加水40千克进行叶面喷施，以提高有效结荚数，促进籽粒膨大，提高产量。

毛豆根系较浅，对水分要求严格，开花期以中耕保墒为主，适当蹲苗，以利植株根系健壮生长。结荚期保持土壤见干见湿。毛豆生长后期要控制浇水，以防植株“贪青”。春季雨水较多，容易引起田间积水，因此雨后要及时清沟排水。

108. 山地毛豆采收应注意什么问题?

适时采收对毛豆外观及品质影响很大。鲜荚最佳采收期一般只有3～7天，当豆荚充分鼓粒，荚色由青绿色转为淡绿色时为采收适期，以早晨露水未干时采收为佳。大面积栽培时，要合理安排人员及时采收鲜荚，采收后堆放不能过久，以免豆荚发黄。采后及时分级、清洗和包装，然后放入冷库预冷，以待销售。

109. 山地毛豆有哪些主要病害，怎样防治?

山地毛豆栽培中常见的病害主要有炭疽病、黑斑病、病毒病等，病害症状主要为：

（1）炭疽病　苗期和成株期均可发病。幼苗期发病，叶片产生圆形红褐色凹陷病斑；成株受害时，叶片病斑发生在背部叶脉上，初呈红褐色小斑或小条斑，后逐渐扩大成黑褐色凹陷条斑，沿叶脉扩展不规则型；豆荚染病初呈褐色小点，扩大后呈椭圆形褐色病斑，边缘明显，中间凹陷潮湿时病斑上出现微红色黏稠状物。病菌喜温暖、高湿的环境，通常在气温 21～23℃、湿度大时，病害容易流行。

（2）黑斑病　主要为害叶片和豆荚。叶片染病，初期为褐色圆形和不规则形病斑，具同心轮纹，后期病斑破裂，叶片干枯，湿度大时密生黑色霉层。豆荚染病，病斑黑色，呈圆形或不规则形，上面密生黑色霉菌，荚皮破裂后，侵染豆粒。

防治要点：

（1）选用抗病品种与种子处理。种植抗病品种是最经济有效的防病措施，一种病害的发生为害和某一病菌生理小种的流行，都与推广品种有密切相关。

（2）与非豆科蔬菜实行 3 年轮作，有条件的实行水旱轮作。

（3）加强田间管理。合理密植，管理好肥水，改善株间通透性，增强植株抗性。及时清沟排水，清除病株残体。

（4）药剂防治。参考菜豆与豇豆。

110. 山地毛豆有哪些主要虫害，怎样防治？

危害山地毛豆的虫害有：金龟甲、大豆卷叶螟、大豆天蛾、红蜘蛛、食心虫、豆荚螟等，其中大豆卷叶螟、大豆天蛾为主要害虫。

大豆卷叶螟　别名卷叶虫，属鳞翅目螟蛾科。主要危害大豆、豇豆、菜豆等豆科作物。成虫白天潜伏，夜间活动，具有趋光性，雌蛾喜在生长茂密的豆田产卵，散产于叶背，每头平均产卵 50～70 粒，孵化幼虫即吐丝卷叶或缀叶潜伏在卷叶内取食，老熟后可在卷叶中化蛹，或在落叶中化蛹。生长发育适宜温度 18～37℃，以气温 22～34℃、相对湿度 75%～90%最为适宜。

防治要点。①及时清除田间植株残体，摘除卷叶并及时清除。②利用频振式杀虫灯诱杀成虫。③药剂防治。田间有 1%～2%的植株出现卷叶为害时开始防治，隔 7～10 天防治一次，药剂可选用 1%阿维菌素乳油 1 000 倍液，或 1.8%阿维菌素乳油

2 500倍液等。也可在防治豆荚螟时兼治。

大豆天蛾 别名豆天蛾，属鳞翅目天蛾科，主要危害毛豆、豇豆等豆科蔬菜。成虫昼伏夜出，活动能力较强，具一定趋光性。卵散产于第3、4片真叶的背面，每叶1粒或多粒。初孵幼虫取食嫩叶边缘部位，4龄前幼虫白天藏于叶片背后，夜间取食，4～5龄以后幼虫白天都在豆秆上活动，并常常转株危害，发生严重时将全株叶片吃光，严重影响结荚。生长发育适宜温度25～38℃，以气温30～36℃、相对湿度75%～90%最为适宜。

防治要点。①田间零星发生时，可结合农事操作进行人工捕杀。②利用频振式杀虫灯诱杀成虫。③药剂防治。可选用1%阿维菌素乳油2 000倍液，或2.5%三氟氯氰菊酯乳油2 000～3 000倍液等，喷雾防治。

111. 扁豆的生长习性有哪些?

扁豆属短日照蔓生植物，喜温暖，较耐热，植株能耐35℃左右的高温，遇霜枯死。种子的适宜发芽温度为22～23℃，生长适宜温度为20～25℃，开花结荚最适温度为25～28℃。根系发达，对土壤适应性广，较耐旱、耐湿，抗逆性强。气候温和、雨量充沛的山区丘陵适宜扁豆生长。扁豆能连续开花、结果，采收期长，产量高，最适宜在排水良好而肥沃的沙质土壤或壤土种植。

112. 怎样安排山地扁豆生产季节?

扁豆的播种时间要根据当地气候情况和设施条件来确定。山地春季露地搭架栽培，应在土温稳定在15℃以上时栽种。种子不需要催芽，即可把干种子播于营养钵或直播于大田。要合理安排生产季节，海拔200～500米区域，一般4月中下旬播种，6月中下旬始收，连续采收到霜降，亩产量可达2 500～3 000千克。

113. 适宜山地栽培的扁豆品种有哪些?

扁豆依花的颜色不同分成白花扁豆和红花扁豆二大类，以食用嫩荚为主，应根据目标市场消费习惯选择主栽品种，目前主栽品种有红花1号、杭州白花扁豆、常扁豆1号、苏扁2号、肉扁6号等。

红花1号 极早熟，蔓生，耐寒性强、抗热、抗病，丰产性好。植株生长势强，主茎分枝少，生长习性与豇豆相似，为直立缠绕性，宜密植栽培。始花节位2～3节，花紫红色，荚近半月形，平均单荚长9厘米，宽3厘米，重8克。

杭州白花扁豆 晚熟，蔓生，分枝性较强，节间短，全生育期150～180天。耐旱耐瘠，较耐热，不耐寒，抗病虫害能力强。嫩荚质嫩，宜炒食，品质佳。

常扁豆1号 早熟，抗病毒病和枯萎病，耐热性、耐寒性较好。花紫红色，每花序结荚6～10个，鲜荚长约10厘米，单株总花序80个左右。春季播种至始收约80天。

苏扁2号 早熟，蔓生，节间较短，生长势较强，播种出苗后65天左右即可采收，可连续采收3～4个月。花紫红色，嫩荚眉形、白绿色，平均荚长9.5厘米，荚宽2.6厘米，单荚重6.5克。

肉扁6号 中熟，植株生长旺盛，分枝力强，采摘时间长，产量高。嫩荚乳白色，荚厚为其它扁豆的2～3倍，纤维少，品质佳。

114. 移栽山地扁豆应注意哪些事项?

（1）*整地施基肥* 扁豆和其它豆类一样怕重茬，必须选择2～3年没有种过扁豆的田块进行轮作。整地要彻底清除前茬残留物，以减少病虫侵染源基数，种植田块深耕30厘米以上，晒土2～3日，每亩施农家肥2 000千克、复合肥50千克作基肥，翻耕时施入，尽可能使肥料翻入土层，再整地作畦待种。对生长势强、分枝力强的品种如肉扁6号等，应根据土壤肥力状况，基肥可少施或不施。

（2）培育壮苗　播种前准备好育苗床与营养钵，播种时保持苗床土湿润，即以抓一把土捏得拢，丢在地上散得开为度，如湿度过大易造成烂种。宜选择晴天播种。采用小拱棚育苗，出苗前一般不揭膜，如遇连续阴雨天气，应开棚通风，降低苗床湿度；当苗床土壤发白时，应适当洒水。出苗后，晴天中午揭棚的两头通风，晚上和阴雨天把膜盖好。随着气温升高，应逐渐延长揭膜时间。苗期喷2～3次杀菌剂，重点预防猝倒病、立枯病的发生。

（3）移植　当苗3～5片真叶时即可移植，移苗前一周要适当蹲苗，在前一天浇水打药后移苗，尽量不伤根系，带土移栽。栽后浇定根水以利成活。

（4）合理密植　种植密度应根据品种特性和种植方式而定，宜合理密植。杂交早扁豆分枝能力强，如红花1号每亩种植1 100株，行距1米，株距0.6米；肉扁6号则每亩种植300株即可，行距1.5米，株距1.5米。

115. 山地扁豆怎样搭架控蔓及肥水管理？

（1）搭架　扁豆为蔓生作物，为提高产量应搭架栽培。一般搭“人”字架，架高2米左右，在架半腰部加一道横档牢固架子，防藤蔓爬满后倒架。

（2）控蔓摘心　当苗长30厘米左右时，应及时引蔓上架。当主蔓50厘米左右时及时摘心，促发子蔓和花序；当子蔓长至50厘米左右时，对子蔓摘心，促发花序和孙蔓；当孙蔓有50厘米左右时，对孙蔓摘心，促发更多花序；同时剪除无花序的细弱枝及老叶、病叶，保持良好的通风透光。生长势强、分枝力强的品种，更应剪除多余的无花序枝并喷施适当浓度的多效唑，避免植株疯长。也可采用主蔓长到1.5～1.6米时打顶，基部只留一根生长粗壮的侧蔓，其余侧蔓一律留1～2片叶打顶，等选定的侧蔓长到架顶（1.6米左右）时打顶。主侧蔓上叶片的叶腋都会抽发侧芽，一片叶只留一个侧芽，当侧芽抽发1～2片叶后打顶，促进叶腋花芽提早形成。因基部侧芽生长旺盛，节间长，一般留1片叶打顶。进入结荚盛期，及时剪去下部老枝老叶和荚少的侧枝，改善田间通风透光条件，控制植株生长，延长结荚时间，提高产量。

（3）肥水管理　扁豆连续开花结荚，需要足够的肥水才能保证其高产。一般开花前追肥水2～3次；当第一批扁豆荚能采收时，每亩施复合肥15～20千克；之后，每采收3次追肥水1次。对生长势强、分枝力强的品种要看株施肥，如长势旺则不施肥。在结荚期每隔10天左右喷1次磷酸二氢钾。扁豆苗期需水较少，开花结荚期需水较多，要开好排水沟，如遇干旱天气，要结合追肥浇水抗旱。

116. 山地扁豆怎样适时采收？

在扁豆嫩荚籽粒开始饱满而没有明显鼓起时采收，既能保证豆荚的商品性和最佳可食性，又能促进上层果荚生长发育。扁豆从开花到嫩荚采摘大约需要15～20天。采摘嫩荚时，要一手捏住花序枝，一手轻摘，尽量不损伤花序，争取多开回头花多结荚，提高产量。

117. 山地扁豆有哪些主要病虫害，怎样防治？

扁豆主要病害有猝倒病、立枯病、锈病、炭疽病、灰霉病、褐斑病、病毒病等。猝倒病常于出苗初期发生，主要由低温高湿引起；立枯病由高温高湿引起，多发生在育苗中后期。因此，苗期应尽量降低苗床湿度，药剂可用多菌灵、代森锌等杀菌剂防治。其它病害可参考菜豆的防治。扁豆主要虫害是豆野螟、潜叶蝇、斜纹夜蛾、红蜘蛛、蚜虫等，山地扁豆重点防治豆野螟、潜叶蝇。豆野螟防治以“治花不治荚”为原则，重点防治花期，宜在上午 7：00～9：00 豆花盛开时喷药，鲜花和落地花并治。虫害防治参考菜豆虫害防治。

（四）水生蔬菜

118. 茭白生长习性有哪些?

茭白是喜温暖、喜光照的禾本科多年生水生宿根植物，株高 1.6～2.4 米，生长周期分为萌芽期、分蘖期、孕茭期、休眠期 4 个阶段。

（1）萌芽期　茭白是以地下部的短缩茎留在水田里越冬，翌年当地温回升到 5℃以上，气温达到 3℃以上，幼芽开始萌动，气温回升到 10℃以上，生长速度加快，长出不完全叶、真叶、不定根，形成新株。萌芽期灌水宜浅以利于地温的升高。

（2）分蘖期　当春季抽生的新苗 4～6 片叶时，从叶腋的基部发生新芽，形成新的植株。第一次分蘖长大后，又能从其基部发生第二次分蘖，全分蘖持续时间长，一般从 4 月直到 8 月下旬。每一新株可发生分蘖 10～20 个，其中一部分为有效分蘖，能够孕茭，一部分为无效分蘖，不能孕茭。不论单季茭白或双季茭白，分蘖阶段长势好坏对产量影响都很大，适宜温度为 20～30℃，以浅水促分蘖，深水控制后期分蘖。

（3）孕茭期　当植株具有一定的生长量后，一般双季茭10～12 张叶，单季茭 15～18 张叶片时，达到适宜温度 15～25℃就可以孕茭，低于 15℃或高于 30℃孕茭受影响。山地双季茭第一次孕茭因海拔高度不同要比平地迟 7～15 天。山地单季茭孕茭要比平地早，7 月上旬就开始孕茭，因气温和栽培管理不同对孕茭影响很大。孕茭期灌水宜深，以利茭白肥嫩。

（4）休眠期　采收后期，当气温降到 15℃以下时，分蘖不再发生，地上部分生长停滞，茭株体内养分转向地下部分贮存。

各短缩茎茎节上的分蘖芽在叶腋里越冬，地下匍匐茎上分株芽，由芽外面为层层革质的鳞片包被，形成芽鞘，保护幼芽越冬。

119. 怎样的山地环境条件适合茭白栽培，如何选择茭白品种？

山地茭白栽培一般要求海拔在400以上，夏季气候凉爽，孕茭期气温不高于30℃，水量充足，排灌方便，有地下冷水和大水库底层水灌溉的田块更好，使山地茭白供应蔬菜淡季更显优势。同时要求土地平整、土层深厚、富含有机质土壤，交通便捷等。目前在茭白栽培中选用的品种分单季茭和双季茭，常规栽培条件下，一年只采收一茬的为单季茭，孕茭时要求基本叶数相对较多，孕茭速度相对较慢；而双季茭一年能采收两茬，孕茭时要求基本叶数相对较少，孕茭速度相对较快。海拔600米以上的地区，一般选择单季茭品种；600米以下的可栽培单季茭，也可选择双季茭品种；400米以下的可通过改变栽培方式，采用单季茭品种收二茬，比双季茭品种栽培能提高品质和效益。

120. 适宜山地栽培的茭白品种有哪些？

适宜山地栽培的双季茭品种有龙茭2号、浙茭911、浙茭2号、浙茭3号、浙茭6号、梭子茭等。主要品种特性介绍如下：

龙茭2号 双季茭类型，夏茭中熟，秋茭晚熟。叶鞘呈浅绿色，茭体膨大4～5节，肉质茎表皮白嫩、光滑，品质优，茭肉长约20厘米、横径4.1～4.4厘米，单只壳茭重约150克。夏茭适宜生长温度10～30℃，秋茭适宜孕茭温度16～18℃。耐低温，抗病性较强。

浙茭911 原浙江农业大学从杭州农家品种蚂蚁茭中定向选育而成。表现为早熟，适应性广，生长势较强。株高180厘米，叶片长133厘米，宽3.4厘米，绿色。茭肉表皮光滑洁白，茭肉单重 60 克以上。秋季壳茭亩产 1 000～1 250 千克，夏季壳茭亩产 1 275～1 750 千克。

浙茭 2 号 1990 年由原浙江农业大学选育而成，中熟，生长势较强，分蘖中等，抗逆性强，适应性广。茭形较短而圆胖，表皮光滑、洁白，质地细嫩，味鲜美。茭肉单重 100 克左右，商品性好。秋季壳茭亩产 750～1 250 千克，夏委壳茭亩产1 250～1 750 千克。

适宜山地栽培的单季茭品种有美人茭、金茭 1 号、金茭 2 号、丽茭 1 号、象牙茭等。主要品种特性介绍如下：

美人茭 该品种植株高大，分蘖力强，株高 180～220 厘米，叶色深绿；叶鞘长浅褐绿色，两侧密生棕色绒毛。抗逆、抗病性强，生长势强，适应性广。地下匍匐茎发达，雄、灰茭少，产量高，采收期长。肉质茎长 25～33 厘米，横径 3～5 厘米，表皮白色，肉质细嫩，形似美人。纤维少，味甜美，品质佳，单茭肉重 150～200 克。一般壳茭亩产量 1 600～ 2 000 千克，高者可达 2 500千克以上。

金茭 1 号 较耐寒，较早熟，抗病中等，长势较强。叶鞘呈浅绿色覆浅紫色条纹，茭体膨大 4 节，肉质茎表皮光滑、白嫩，品质优，单只壳茭重 110～135 克，茭肉长 20.2～22.8 厘米、横径 3.1～3.8 厘米。在海拔 500 米以上山地种植，一般 8 月中下旬采收；在海拔 200～400 米茭白种植区可采用“一茬双收”栽培模式，夏茭 6 月中下旬采收，秋茭在 10 月份采收。

金茭 2 号 该品种属于较耐高温、采收期较长、对光周期较不敏感的单季茭品种。株高 220 厘米左右，叶鞘浅绿色，长52～55 厘米，开始孕茭叶龄 11 叶左右，茭肉梭形，茭体 4 节，表皮光滑，肉质细嫩，商品性佳。平均壳茭重约 120 克，平均茭肉重约 95 克，平均茭肉长 17.0 厘米左右。

象牙茭 杭州市郊农家品种，原产余杭一带。表现为中熟，生长势强，密蘖型分蘖力弱，植株直立，株高 150～200 厘米。

叶披针形，长 175 厘米，宽 4 厘米，绿色；叶鞘长 60 厘米以上，薹管长 20 厘米。肉质茎长纺锤形，长 20～25 厘米，横径 4.0～4.5 厘米，色洁白，长而稍弯，形如象牙，故名“象牙茭”。茭肉单重 120 克，肉质致密，品质优。

丽茭 1 号 较早熟，生长势强，抗病性较强。叶鞘呈浅绿色覆浅紫色条纹，茭体膨大 4 节，肉质茎表皮白嫩、光滑，品质优，单只壳茭重 143～179 克，茭肉长 16.7～18.6 厘米、横径 3.5～4.5 厘米。适宜在 400～1 000 米海拔地区种植。

121. 什么是黑粉菌，它在茭白孕茭中有何作用？

黑粉菌是一种寄生在茭白植株上的真菌，菌丝体为许多长筒状细胞联结而成的具有分支的丝状体，可在寄主体内越冬，菌丝体除冬季处于休眠状态之外，其余时间可以不断生长，并对寄主组织侵染，但当气温在 30℃以上时，黑粉菌的生长受影响，甚至停止生长。当黑粉菌菌丝体侵染茭白生长锥及其附近组织并大量分枝蔓延，菌丝体刺激又产生大量的生长激素，生长锥受其影响而明显膨大伸长，形成洁白的肉质茎。所以说黑粉菌的侵染与生长是茭白肉质茎产生的必要因素。黑粉菌在膨大的肉质茎内发育形成厚垣孢子，厚垣孢子多就会影响茭白质量，也就是成为“灰茭”，没有采收的会随肉质茎的腐烂，小孢子散发到田间，小孢子也能侵染嫩茎。

122. 怎样选择茭白种株？

选择茭白种株目的是保持品种的纯度，同时控制茭白田雄、灰茭比例在 5%以下。具体做法是在采收茭白时选取母株茭墩，做好标记；母株必须生长整齐、节紧缩、结茭多、茭肉嫩而油光洁白，成熟一致性好，茭白充分膨大后包裹的叶鞘一边稍有开裂，茭白眼呈乳白色；母株丛中及四周无灰茭和雄茭，发现雄茭应及时清除。

123. 怎样培育茭白秧苗?

茭白通常采用分蘖、分株方式进行无性繁殖。一是采用寄秧后分株繁殖：当年秋茭采收后，将选好的种茭墩掘出移到秧田中，通过秧田管理促进分蘖，到次年3月中旬至4月上旬分墩，将种墩用刀劈成若干个小墩定植到大田，当然也可待茭墩植株分蘖萌发后再分株定植，即浙江桐乡等地的“二段”育苗法，可扩大繁殖系数；二是分株直接定植：夏秋季茭白采收后，将选中的种墩直接分株定植到大田，主要是可节省劳力，定植方便，来年减少秧苗定植缓苗过程，山地茭白多采用这种方法；目前浙江低海拔地区茭白产区大多采用苔管平铺育苗法。

124. 什么是茭白薹管平铺育苗?

茭白薹管平铺育苗就是利用薹管上每一节位均有分蘖芽的特性，以及新鲜薹管内的养分，在秧田适宜的条件下，使薹管每一节都能萌芽生根，成为新苗。一般分蘖芽贴生在各薹管的茎节上，每节1个芽，互生。分蘖芽萌发后地上部形成新单株，并产生须根，每个新单株从夏到秋又可不断发生分蘖，达10～20个，不断分蘖形成的株丛，俗称茭墩。

于9～10月从选定的茭白母株中剪取薹管，长度20～25厘米，作为繁殖材料。寄秧前要将母茭秆的叶梢剥掉，薹管平铺排放到备好的秧田中，没有芽的一侧埋入泥土，不能过深，薹管一半入泥即可。行距5厘米，薹管纵向可相连接。寄秧后保持秧田水位至齐畦面，待新芽露出泥面再灌水上秧板。出苗7天左右，亩施复合肥10～15千克。半个月后，可起苗定植。

125. 山地茭白怎样定植与间苗?

定植 山地茭白定植分春栽与秋栽，定植密度视品种、栽培模式而不同。定植前深耕田块、施入底肥，做到田平、泥烂、肥足。茭白株行距一般为30～50厘米×90～120厘米，单季茭白每亩1 200～2 000穴，双季茭白每亩2 000～2 500穴；可采用宽窄行种植，宽行100～120厘米，窄行60～80厘米，株距30～35厘米。栽植的深度一般以老根入土10厘米、老薹管齐畦面为好，过深不利于茭白分蘖，若太浅，则易漂浮起，不利于扎根成活。

间苗　及时间去老墩苗、多余苗，防止苗多而影响生长粗壮；疏苗要掌握“去密留稀、去弱留壮、去内留外”的原则，并补种缺株，确保全苗。

126. 山地茭白怎样搞好水浆管理和除草?

茭白水浆管理要做到前期浅，促进发棵，中后期加深抑制无效分蘖。定植后生长前期，一般在分蘖前期保持田间3～5厘米浅水层，以利于提高土温，促进发根和分蘖；到分蘖后期，将水位加深到12～15厘米，以抑制无效分蘖；进入孕茭期，及时利用高山冷水串灌，促进孕茭，水位加深到15～18厘米，但不能超过茭白眼的位置，防止薹管伸长。

山地茭白除草采用人工与化学除草相结合方法，苗期待苗齐后，及时耘耥除去杂草。使用除草剂，除草前排干田水，亩用18%乙苄系列30克或10%苄黄隆12～15克，对水40千克喷雾，过一天覆水。除草最佳的方法是茭鸭共育，省工又安全。

127. 山地茭白怎样施肥?

（1）单季茭白或头季茭白　基肥：中等肥力田块可亩施腐熟栏肥2 000千克左右，氯化钾15千克或复合肥50～75千克。追肥：第一次在苗高10～20厘米时亩施三元复合肥20～25千克，隔15天左右进行第二次追肥亩施三元复合肥20～25千克，氯化钾 10 千克；以后视植株长势的强弱，每间隔 10～15 天再施 1～2 次，每次用尿素 5～8 千克；孕茭前二星期左右停施，待 50%左右植株开始孕茭后施孕茭肥，亩施碳铵 25～30 千克，过磷酸钙 10 千克，促茭白粗壮，提高产量。

（2）再生茭　基肥：于前茬茭白禾清理后亩施茭白专用肥 50～75 千克或碳铵 50 千克，过磷酸钙 25 千克。追肥：再生苗长出 10～20 厘米后亩施三元复合肥 20～25 千克或碳酸氢铵25～30 千克，过磷酸钙 10 千克，氯化钾 10 千克；以后视植株长势的强弱，每间隔 10～15 天再施 1～2 次，每次用尿素 5～8 千克，孕茭前两周停施，待 50%植株开始孕茭后施孕茭肥，亩施碳酸氢铵 25～30 千克，过磷酸钙 10 千克，促进茭白粗壮，提高产量。

128. 怎样使单季茭收二茬，有什么特点？

单季茭收二茬是浙江缙云首创的茭白种植模式。单季茭收二茬栽培模式适宜于 200～500 米的中、低海拔区域。

该模式通过“二改三早”技术措施，将单季茭采收时间提早至 6 月中旬至 7 月上旬，茭白采收后，不需重新翻种，经二茬栽培技术管理，在 9 月下旬至 10 月上旬采收第二茬茭白。

该模式具有以下 3 个特点。一是品质好。该模式种植品种以单季茭“美人茭”为主栽品种，茭白肉质洁白、细嫩，单季茭收二茬栽培的茭白仍然保持品种原有的良好品质；二是产量高。第一茬茭白产量与原单季茭栽培产量相当，第二茬茭白产量 1 200～1 700 千克/亩；三是错开上市期。第一茬茭白采收盛期一般在 6 月 15 日至 7 月 5 日，此时双季茭主产区夏茭盛期已过，而高山单季茭白尚未上市；第二茬茭白采收盛期则在 9 月 20～30 日，此时高山单季茭白已收获结束，而双季茭主产区秋茭尚未进入采收盛期。单季茭收二茬栽培可有效错开产品上市期，有利于均衡供应、稳定效益。

129. 单季茭收二茬栽培模式与一般栽培模式有什么区别？

主要区别在于“二改三早”技术措施。“二改”：一是改2～3年翻耕栽植一次，为每年翻耕栽植；二是改分株繁殖或剪秆扦插育苗，为薹管平铺寄秧育苗。“三早”：一是早栽植，由原单季茭当年4月份栽植，提早到上年10～11月上旬栽植；二是早管理，将原单季茭在4月上中旬当苗高20厘米时开始施肥管理、5月下旬施肥结束，提早到2月份开始施肥，4月底就施肥结束；三是早翻茬，第一茬茭白采收后，及时清洁田园，割去残禾，并提早肥培管理，促进二茬生长。

130. 山地茭白有哪些主要病害，怎样防治？

山地茭白主要病害有锈病、胡麻叶斑病、纹枯病等。主要防治方法如下。

（1）锈病　①适当灌深水，降低温度；②增施钾肥，增强抗病能力；③及时剥除枯叶、黄叶，改善通风透光；④药剂防治：用97%敌锈钠400倍液，或80%代森锌可湿性粉剂600～800倍液，或25%丙环唑乳油3 000～4 000倍，每7～10天喷一次，共2～3次。

（2）胡麻叶斑病　①选地轮作；②清洁田间，消灭菌源；③加强肥水管理；④药剂防治：发病初期可用50%甲基托布津粉剂1 000倍液，或75%百菌清粉剂800倍液喷雾，每隔5～7天喷1次，视病情连续喷2～3次。

（3）纹枯病　高温高湿是该病主要流行条件，田间温度22℃开始发病，25～32℃最利发病，此时若遇连续阴雨，病害迅速蔓延。防治方法：①加强肥水管理。施足基肥，适量施追肥，多施磷钾肥，使植株生长老健；②及时剥除枯叶、黄叶，加强通风透光；③除孕茭期外，进行浅水勤灌，适当搁田，降低田间湿度；④药剂防治：用50%多菌灵可湿性粉剂800～1 000倍液，或5%井冈霉素3 000～4 000倍液，或50%扑海因可湿性粉剂700～800倍液喷雾。每隔7～10天喷1次，连喷2～3次。

131. 山地茭白有哪些主要虫害，怎样防治?

山地茭白主要害虫有二化螟、大螟、长绿飞虱、黑尾叶蝉、稻蓟马等。主要防治方法如下。

（1）大螟　①冬季火烧茭白墩，齐地面割除茭白残株，集中烧毁，以消灭越冬幼虫，减少虫口基数；②早春至初夏在幼虫转移为害前，清洁田园，铲除田埂和田边杂草，消灭越冬代幼虫；③在幼虫孵化期，即孵化高峰后1～2天，用18%杀虫双水剂200～300倍液，或3%雷公藤生物碱乳油1 000倍液，或1.8%阿维菌素乳油2 000倍液喷雾，一周后再喷1次。

（2）二化螟　①冬季齐地面割除茭白残株，集中无害化处理，以消灭越冬幼虫，减少虫口基数；②早春至初夏在幼虫转移为害前，清洁田园，铲除田埂和田边杂草，消灭越冬代幼虫；③灌深水灭蛹。在幼虫即将化蛹时，排干田水，降低幼虫化蛹位置，待化蛹高峰期，灌深水13～17厘米，过3～5天，即可将蛹淹死；④田间每30～50亩安装一盏杀虫灯诱杀成虫，或每亩设置一个二化螟诱捕器，诱芯40天更换一次；⑤在幼虫孵化期，用Bt粉剂1 000倍液，或18%杀虫双水剂200倍液，或3%雷公藤生物碱乳油1 000倍液，或1.8%阿维菌素乳油2 000倍液喷雾防治，一周后再喷1次。

（3）长绿飞虱　①冬季齐地面割除茭白残株，集中无害化处理，以消灭越冬幼虫，减少虫口基数；②有选择性地使用农药（如扑虱灵），减少施药次数，合理药量，以保护天敌；③药剂防治，以越冬代为重点，在虫盛孵期用25%噻嗪酮可湿性粉剂1 000倍液，或10%异丙威亩用2～2.5千克，或20%杀灭菊酯乳油3 000倍液。

（4）黑尾叶蝉　①冬春季结合积肥，铲除田边、沟边、塘边杂草，压低虫口基数；②做好田间虫情调查，发现虫情，及时喷药防治。可用50%杀螟松乳1 000倍液或10%异丙威可湿性粉剂500～800倍液喷雾。交替使用，以免产生抗药性。

（5）稻蓟马　①冬季齐泥面割除茭白残株，集中无害化处理，以消灭越冬幼虫，春夏季结合积肥，铲除田边、沟边、塘边杂草和枯枝落叶，消灭稻蓟马的越冬和春夏繁殖场所。加强肥水管理，使植株生长旺盛，减轻为害。②做好田间虫情调查，发现虫情及时施药。常用农药有18%杀虫双水剂300倍液，或20%异丙威乳油500倍液，或20%三唑磷75毫升加水50千克。

（五）甘蓝类蔬菜

132. 什么是松花菜，与普通花菜相比有什么特点？

松花菜又称散花菜，是十字花科甘蓝属花椰菜中的一个类型，因其蕾枝较长，花层较薄，花球充分膨大时形态不紧实，相对于普通花菜呈松散状，故此得名。与一般紧实型花菜品种相比，松花菜具有两个显著特点。一是耐煮性好，食味鲜美，松花菜的维生素C、可溶性糖含量明显比紧花球花椰菜高，很受消费者欢迎。二是早中熟品种耐热性强，适应性更广，城市近郊可“春延后”和“秋提前”栽培，高山栽培可在夏秋上市，延长了花椰菜生产供应期。

133. 松花菜生长习性有哪些？

松花菜喜温暖湿润的气候，属于半耐寒性蔬菜，既不耐炎热又不耐霜冻。叶丛生长与抽薹开花，要求温暖，适宜20～25℃。25℃以上花粉丧失发芽力，种子发育不良。花球形成，要求凉爽，适温12～24℃，但不同品种之间差异较大。温度过高，花球松散且容易发生苞片，形成“毛花”，品质下降。气温低至8℃以下，花球发育缓慢，0℃花球就会冻害。通过花芽分化的植株，顶芽遇到冻害，不能形成花球，而成为所谓“瞎株”。植株从茎叶生长到花球发育，需要经过低温春化阶段。不同品种对花球发育的温度要求差异很大，早熟种要求不严格，22～23℃的温暖条件下即可发育花球；中熟种要求较低，约13～14℃；晚熟种要求更低，约10℃以下；四季种要求温度15～17℃。松花菜对光周期不敏感，而对温度敏感，所以早熟品种年内易开花。

花椰菜对钙、硼、钼、镁等营养元素有特殊的要求，如果缺钙常导致花椰菜焦叶、顶芽枯死、不能正常结球；缺硼常导致花茎中心开裂，出现空洞，花球变锈褐色、叶片皱缩不平整，扭曲、变厚、变脆，易折断，叶色黄。要使花椰菜健康生长，应重点补充氮、磷、钾、钙、硼等元素。

134. 怎样的山地环境条件适合松花菜栽培？

松花菜属于半耐寒性蔬菜，喜温暖湿润的气候条件，既不耐炎热又不耐霜冻。长江流域夏季气候炎热，7～8月平均温度在28℃以上，不适宜松花菜的生长发育。种植山地松花菜应考虑以下几个环境条件：

（1）海拔高度　夏季随着海拔的升高，温度逐渐下降，因此在栽培松花菜时，要充分考虑不同海拔区域，适宜松花菜生产的最佳时间段。一般在海拔600米以下山区，以春、秋两季为主，应避开高温季节，或选用耐热品种；夏季栽培松花菜，宜选择海拔600～1 200米区域种植。

（2）土壤条件　种植松花菜应选择疏松肥沃、保水性好、透气性强的土壤，且排灌方便。低洼地、粘渍地不宜种植松花菜，否则，植株长势不良，易得黑根病。重茬地应加强病虫防治和补充微肥。高山栽培宜安排在上半年种植，下半年极易遭受干旱。

135. 山地松花菜生产季节怎样安排？

山地松花菜应根据不同海拔高度安排生产季节，特别是结球期必须保持适宜的温度，以平均温度12～24℃为宜，温度过高或过低均易引起结小球、早花、毛花等。

（1）350米以下低海拔区域栽培　春栽，12月下旬至1月初播种，大棚套小拱棚保温育苗，2月下旬至3月上旬盖地膜加小拱棚定植，4月采收上市。也可于2月下旬至3月上旬播种，大棚或小拱棚保温育苗，3月下旬至4月初露地定植，5月中旬至6月上旬采收上市。秋栽，6月中旬至7月播种，采取遮荫措施育苗，7月上旬至8月定植，8月下旬至11月上旬采收上市。

（2）350～600米海拔区域栽培　一般随着海拔升高春栽播种期适当推迟，秋栽播种期适当提前。春栽，1月下旬至2月中播种，大棚套小拱棚保温育苗，3月上旬至3月下旬定植。5月中旬至6月中旬均可采收上市。秋栽，6月上旬至7月上旬播种，采取遮荫措施育苗，7月上旬至8月上旬定植，8月下旬至10月采收上市。

（3）600～1 200米高海拔区域栽培　中晚熟品种于2月中旬至3月中旬播种，苗龄30天左右，3月中旬至4月中旬定植，5月中旬至6月采收。早熟品种于3月下旬至7月播种，苗龄20～35天，4月下旬至8月中旬都可定植，5月底至11月上旬采收。高山育苗常用小拱棚等设施保护，春季保温防寒，夏秋防雨保湿。

136. 适宜山地栽培的松花菜品种有哪些？

目前适宜山地栽培的松花菜品种主要有庆农65、庆农85、台松65、台松80、浙017、浙091等品种。

庆农65日　半松类型，中熟，植株长势中等，株高70厘米，开展度80厘米。后期花球膨大后因球压叶，株型更加开张。

花球扁球型，梗淡青花白，花层薄，蕾枝长，易松散，耐煮性好，口感鲜美、甘甜。平均单球重0.85～2千克。可春秋两季种植，也可作平地“春延后”、山区“高山”反季节栽培。

庆农85日 株高77厘米，株幅98厘米，植株长势旺。采收时有外叶18～19张，叶色深绿，叶长63～70厘米、宽26厘米。花球扁圆，单球重0.65～1.5千克，平均0.9千克，亩平均产量1 000～1 500千克。该品种春栽60天、秋栽70天采收，耐热性和抗冻能力不如庆农65日，盛夏花球会败育，秋冬气温低于0℃后植株开始受冻，但因其在春季低温条件下抗早花能力较强，可在气温稳定通过10℃后露地定植，比庆农65日提早15～30天，一般高山多用于早春栽培，安排在6月底前采收完毕。

浙017 青梗松花类型，早中熟，株型紧凑，株高约50厘米，开展度约65厘米。叶片宽披针形，叶缘锯齿，叶翼较发达，叶色深绿，蜡粉厚。花球松大，花层较薄，无毛花，不易发紫，梗细而青，球径24厘米左右，单球重1千克以上，品质优，维生素含量高，可鲜销和脱水加工兼用。综合抗性良好，耐密植。

浙091 青梗松花类型，中熟，植株健壮，株型中等，株高约50厘米，开展度约75厘米。花球松大、半球形，花层较薄，无毛花，不易发紫，梗青，商品性佳，夏播球径25厘米左右，单球重1.5千克左右，品质优良，可鲜销和脱水加工兼用。吸肥力强，综合抗性良好。

137. 怎样培育松花菜壮苗?

松花菜和普通紧实型花菜品种一样，低海拔山区夏秋季也可以采用简便的撒播方式进行苗床育苗。但是春栽和高山多茬栽培，不应采用撒播育苗方式，否则，会因苗龄过长、秧苗细弱、定植后缓苗差等因素造成早花、减产，延误生产季节和茬口安排。

根据栽培季节和方式，可在拱棚、温室和露地育苗。有条件的也可采用集约化育苗，省工、省力、提高工效。夏秋露地育苗要有避雨、防虫、遮荫设施。

为缩短苗龄、保护根系，提高促成栽培效果，优先采用穴盘育苗，实行精细育苗，每穴播精选种子一粒，播后覆土 0.3～0.5 厘米。每亩大田松花菜需育苗用种 10～15 克。采用苗床育苗，需先浇足底水，渗透后盖一层细土或药土，将种子均匀撒播于床面。当幼苗有 1 片真叶以后间苗 1～2 次，去除病苗、弱苗。二段育苗的，用营养钵或营养土块分苗，2～3 片真叶时移栽，一钵一株或每一营养土块一株，摆入苗床。苗床温度保持 15℃以上。

育苗基质养分不足的，苗期应及时补肥促长。霜霉病、黑根病、立枯病、猝倒病等病害，用 75%百菌清可湿性粉剂 800 倍液喷雾，或 75%敌克松可溶性粉剂 600 倍液灌根，7～10 天 1 次，连续 2～3 次。低温期育苗应防寒保温，苗圃温度庆农 65 天保持 13℃以上，庆农 85 天保持 10℃以上。夏秋育苗用小拱棚遮荫、防雨、保湿，晴天不要骤然通风散热，以防秧苗失水干枯。移栽前一周逐步撤棚练苗。

苗期会出现秧苗茎叶紫红、无顶芽、高脚苗等现象，其中茎叶呈紫红色多为低温缺氮所致，应在防寒增温基础上追施氮肥矫治。除草剂和杀菌剂药害也会造成秧苗紫红并滞育，应谨慎选用品种和剂型、剂量，避免在晴天中午前后喷洒，子叶出土至两片真叶发生前，严禁使用丁草胺等除草剂。秧苗无顶芽多为寒害或冻害所致，应加强防寒防冻，发生无顶芽苗，应及早拔除。高脚苗多为光照不足、棚温过高所致，应减少遮荫，增加光照，降低湿度，控制水分和过高夜温，避免幼苗叶面沾灰尘或泥土，影响光合作用。

138. 山地松花菜怎样整地作畦施基肥？

深耕晒垡，深沟高畦，畦宽 130～150 厘米，沟宽 20～30 厘米。根据土壤肥力状况确定基肥用量。一般亩施腐熟厩肥1 000～2 000千克，钙镁磷肥25千克，硼砂0.5～1.0千克，三元复合肥30千克，钾肥20千克，生石灰50～75千克，钼酸铵50克。上述基肥除硼砂、生石灰、钼酸铵必须全园撒施外，其它肥料也可以根据土壤肥力状况，进行沟施或穴施，但穴施用量要少些，避免伤苗。进行地膜覆盖栽培的，可结合整地，将全茬用肥一次性均匀施入，增加总用肥量，生长后期应补充追肥。

139. 山地松花菜怎样移栽定植?

松花菜秧苗宜带土护根移栽，每畦栽2行，株距45～70厘米，亩栽植庆农65天1 500～1 900株，庆农85天1 200～1 400株。冬春季栽培宜密植，夏秋季栽培则适当稀植。定植穴略低于畦面，以利施肥培土，但要防止种植穴积水。定植后，浇95%敌克松可溶性粉剂600～800倍液和0.2%尿素，以利返苗、防病。冬末或早春定植，要选晴暖天气，并覆盖地膜增温，以利促发新根。定植后若持续3～5天晴暖天气，有利新根发生，促进幼苗生长；如定植后即遇冻害或寒害，则往往形成僵苗，造成大量早花，裸根苗移栽的，更容易发生。

由于松花菜对低温比较敏感，其定植期与普通春花菜相比，春栽宜迟，秋栽宜早。

140. 山地松花菜如何追肥?

苗期以氮肥为主，做到薄肥勤施，促发莲座叶。现蕾前后以磷钾肥为主，重施蕾肥，一般用肥料对水浇施，可延长膨蕾期，促进花球发育膨大。高温干旱天气，常因土壤水分不足导致植株吸收养分受阻，应结合浇水施肥。颗粒肥兑水浇施，能够提高肥料利用率，提高速效性。生长期间，还应增施硼、钼、镁、硫等中微量元素，避免植株缺素。其中硼对花球产量和质量影响十分显著，必须叶面追施2～3次，尤其在花球膨大期必不可少。中后期追肥，不能使用碳铵或含碳铵的肥料，以免花球产生毛花。最好以有机发酵原液肥为主，配合速效化肥，进行平衡施肥，并根据植株长势和目标产量确定施肥量和施肥次数。一般在定植活棵后、莲座叶形成初期、莲座叶形成后期、现蕾时各追肥 1 次，共 3～4 次，同时，配合施用镁、硼、钼等中微量元素肥料。

141. 山地松花菜为何要培土壅根？

松花菜根系由主茎发生，具有层次性，在生长过程中，深层根系不断老化，近地面茎不断发生新根，总体分布较浅，须根主要分布在主茎附近。冷凉季节根系分布较深，暖热季节分布较浅。浅施基肥或追肥，也会促使根系向近地表生长。因此，松花菜种植需要培土，通过培土，促发不定根，稳定根系生长的土壤环境，使植株长势旺盛，增强抗倒伏能力。高海拔区域多雨，或高温干旱，培土尤其重要，可以预防沤根、增强植株抗逆性，增产效果显著。应结合锄草、松土、施肥，培土 1～3 次。松花菜若不培土，则应深栽。浅栽松花菜而不培土，其长势差、产量低。培土的方法是将畦沟泥土和预先堆在畦中间的泥土壅在定植穴和株间，最终形成龟背型匀整的畦面。必须注意，培土后若畦面高低不平，不仅影响植株生长，而且会导致病害发生。

142. 山地松花菜怎样进行水分管理？

松花菜叶片多而薄，生长中后期可达 17～23 张，比普通花菜品种多 6～8 张，蒸藤量大，在田间失水萎蔫现象经常发生，特别在连续阴雨后突然放晴，暴雨后放晴，或在高温干旱强光照下，萎蔫现象尤其明显。因此，种植松花菜的土壤既不能过湿，又不能太干。应采用清沟排水、适时浇水、培土壅根、割草覆盖、地膜覆盖等方法，及时调整土壤水分，力求供水均衡，保持土壤湿润、疏松。干旱时灌跑马水或浇水，禁止大水漫灌；雨后及时排水，切忌田间积水。夏季定植活棵前，遇旱应每天傍晚浇水1次，高温强光时应遮荫防晒。

143. 山地松花菜怎样进行束叶护花？

无论在春季或盛夏，花球经阳光照射都会发黄，在夏秋强光条件下变色更深，这种变化不仅影响商品外观，也影响花球的鲜嫩品质，故花球护理是山地松花菜生产中重要的一个环节。与普通花菜的花球护理不同的是，松花菜多采用束叶护花，而不是采用折叶盖花的方法。以稀植培育大花球为主的尤其如此，因其花球蓬松硕大，内叶叠抱性差，而且具有花球发育和叶片抽生同时进行的特性，所折断的叶片常被不断膨大的花球和抽生的内叶挪移，影响遮挡效果。

束叶护花的具体做法是：当花球长至拳头大小时，将靠近花球的4～5张互生大叶就势拉拢互叠而不折断；用2～3毫米粗、7～10厘米长的小竹签、小草梗等作为固定连接物，穿刺连接互叠叶梢，使叶片相互串编固定在主叶脉处；被串编固定的叶片呈灯笼状束起，罩住整个花球，使花球在后续生长过程中免遭阳光直射，并留有足够的膨大空间。遮阳护花越严越好，严密的束叶护花，能完全避免阳光照射到花球，即使在盛夏，仍可使整个花球都保持洁白鲜嫩。与通常的折叶盖花方法相比，束叶护花一次性完成，免除了多次折叶盖花的麻烦，省工省时，效果更好。

144. 松花菜为什么不结花球、结小花球？

（1）松花菜只长茎、叶，不结花球的主要原因：①秋播过早，气温偏高，幼苗未经低温处理，未通过春化阶段，不结花球。②营养生长期施氮肥过多，没有蹲苗，造成营养生长过旺，茎叶徒长。

应对措施：①严格掌握品种特性，适期播种，创造松花菜顺利通过春化阶段的条件，促进结球。②加强养分管理，前期控制氮肥，莲座叶期适当追施氮肥，蹲苗，使营养生长转入生殖生长。

（2）松花菜结小球，就是收获时花球太小，达不到商品要求。产生的主要原因：①种子不纯，春播品种混有秋播品种，秋播的中晚熟品种混有少量的早熟品种。②陈、弱、病害的种子，生长势弱，茎叶不旺盛，较早通过春化阶段，营养不良，形成小花球。③肥水不足，土壤盐碱，病虫为害。④播期不当，秋播过晚，温度较低，品种在小苗期通过春化阶段，形成小花球。

应对措施：①应选用纯正的种子，确保栽培品种与播期适当。②选择耕层深厚，富含有机质，疏松肥沃的壤土栽培，并施足基肥，促进营养器官发育，莲座期蹲苗后和花球形成期，及时追肥浇水。

145. 松花菜为什么会先期现球，现青花、毛花、紫花？

（1）先期抽薹是松花菜在小苗期营养生长尚未充分完成即现花球的现象。产生的主要原因是春播过早或秋播过晚，苗期温度太低，过早通过春化阶段。

应对措施：选择适宜品种与适时播种。

（2）青花　花球表面绿色苞片或萼片突出生长，使花球呈绿色。产生原因是花球膨大期阳光直射花球表面，花球先由白变黄，后变青色。

应对措施：结球期及时束叶，或折些老叶遮花球，防阳光直射。

（3）毛花　花球的顶端部位、花柱或花丝非顺序性伸长。产生原因是花球临近成熟期骤然降温、升温，或遇重雾天。如夏秋播种过早，入秋气温降低之前花球已形成，收获不及时，气温突然下降，易发生毛花。

应对措施：①选择适期播种，使结球期处于最佳温度范围内，避免气温过高或过低，影响结球。②在花球充分长成，表面圆整，边缘尚未散开时及时采收。

（4）紫花　花球临近成熟时，突然降温，花球内的糖苷转化为花青素，使花球变为紫色。幼苗胚轴紫色的品种，以及秋播松花菜收获太晚易发生。主要原因：①收获过晚，花球老熟，水肥不足，花球生长受阻。②蹲苗过度，花球停止生长，老化。

应对措施：①选择适期播种，使结球期处于最佳温度范围内。②在花球充分长成，表面圆整，边缘尚未散开时及时采收。③加强温度管理。在低温天气来临和骤然降温之前，采用拱棚短期覆盖，避免植株受到连续低温危害。

146. 山地松花菜采收有什么要求？

松花菜应分批采收，陆续上市。以花球充分长大、周边开始松散时及时采收为佳。采收时留5～7张叶片保护花球，以免贮运过程损伤或沾染污物。采收暂时堆放田间的，还要采取遮荫、防晒、防雨等措施，以避免影响松花菜商品性。采收后尽快出售，或去除茎叶后入冷藏库预冷保鲜，短时保鲜温度控制在0～5℃。

147. 山地松花菜有哪些主要病害，怎样防治？

松花菜主要病害与紧实型花菜相同，其全生育过程中的病害有猝倒病、立枯病、根肿病、黑腐病、霜霉病、黑斑病、菌核病、软腐病等。

（1）猝倒病　幼苗被猝倒病危害后，茎基部出现水浸状病斑，很快变成黄褐色，病部溢缩呈线状，病情迅速发展，幼苗猝倒，有时子叶不萎蔫，幼苗发病严重时，苗未出土即已烂种烂芽。苗床开始发病一般先从棚顶滴水处的个别幼苗上表现病症，几天后以此为中心向周围扩展，湿度大时，成片幼苗猝倒。

猝倒病病苗表面及附近床面上长出白色絮状菌丝，是病菌的菌丝体和孢子囊，病菌的腐生性强，可在土壤中有机质上腐生，长期存活，病菌也可以卵孢子或菌丝在土中的病残体上越冬，病菌靠土壤中水分的流动、农具以及带菌的堆肥等传播蔓延。

防治方法：除用苗床撒药土外，在发病初期还可喷洒 58%瑞毒锰锌可湿性粉剂 800～1 000 倍液，或 25%瑞毒霉可湿性粉剂 800～1 000 倍液，或 64%恶霜·锰锌可湿性粉剂 800～1 000 倍液，或 72%杜邦霜脲·锰锌可湿性粉剂 800～1 000 倍液喷洒。每次喷药后要及时通风，降低棚内湿度。

（2）根肿病　主要危害根部，使主根或侧根形成数目和大小不等的瘤状物。初期表面光滑，渐变粗糙并龟裂，因有其它杂菌混生而使瘤状物腐烂变臭。根部受害为主，但地上部亦有明显病症，病株明显矮小，叶片自下而上逐渐发黄萎蔫，开始早晚还可恢复，逐渐发展成永久性萎蔫而使植株枯死。

此病是由芸薹根肿菌侵染引起，病菌在被寄生的肿瘤细胞内形成大量似鱼卵状的休眠孢子囊。这些休眠孢子囊随病根或病残体在土壤中越冬，在土壤中可存活 10～15 年，通过灌溉流水、昆虫、土壤线虫和土壤耕作在田间传播。若秧苗或根部土壤带菌，病菌便随秧苗从一地带到另一地，扩大病区。在条件适宜时，休眠孢子囊萌发产生游动孢子，通过根毛侵入表皮细胞，病菌刺激寄主细胞分裂加快、细胞增大而形成瘤状物。

该病菌喜酸，土壤酸碱度 5.4～6.5 最适宜；土壤温度 18～25℃，湿度 60%左右最适于此病发生；低洼地、连作地容易发病。

在根肿病严重的地区应采取下列综合防治措施：①轮作。与非十字花科蔬菜实行 3 年以上轮作，或与水稻轮作。②适当增施石灰降低土壤酸度，亩施 75～100 千克。③清除病残体，翻晒土壤增施腐熟的有机肥，搞好田间灌排设施，生长季节要经常检查菜田，发现病株立即拔除移至田外深埋，撒少量石灰消毒以防病菌扩散。④发病初期可选用 50%多菌灵可湿性粉剂 500 倍液，或 70%甲基托布津可湿性粉剂 800 倍液灌根，用量每株 0.3～

0.5 千克。

（3）软腐病　松花菜在生长中后期，特别是花球形成膨大期间，常见有些植株老叶发黄萎垂，茎基部出现湿润状淡褐色病斑，中下部包叶在中午似失水状萎蔫，初期早晚尚可恢复，反复数天萎蔫加重就不再恢复，茎基部病斑不断扩大逐渐变软腐烂，压之呈黏滑稀泥状；腐烂部位逐渐向上扩展致使部分或整个花球软腐。腐烂组织会发出难闻的恶臭。

软腐病是由一种称为胡萝卜欧氏杆菌的细菌侵染引起的。一年四季均有该病菌的寄主，初侵染源主要来自田间发病的植株；也可来自病残体存活的菌源，但若病残体腐烂细菌就会很快死亡。此外，菜田一些害虫如跳甲、小菜蛾等虫体也能带有细菌。病菌通过灌溉水、土壤耕作及带菌害虫传播，由植株表面伤口侵入。细菌分泌果胶酶使细胞分离崩解，发病后又释放出大量细菌进行频频的再侵染。细菌也可以从幼苗根部侵入，进入导管后潜伏，待条件适宜时才引起发病。与病原细菌的寄主连作或邻作，田间遗留的病残体多；地势低、土质黏重、田间湿度大；虫害等引起的伤口多、田间管理粗放等因素均有利于细菌的侵染和发病。

此病的防治应以加强和改善耕作栽培的控病措施为主，结合适当施药。①尽可能不与寄主作物连作或邻作，与水稻轮作一年可以大大减少菌源。②清洁田园，彻底清除病残体，不施用未充分腐熟的土杂肥；翻晒土壤，起高畦整平畦面；科学灌水，避免漫灌、串灌。③彻底治虫，田间耕作尽量避免引起伤口。④发病初期可选 72%农用链霉素可溶性粉剂 3 000～4 000 倍液，或链·土霉素 4 000 倍液，或 30%氧氯化铜悬浮剂 300～400 倍液，或 14%络氨铜水剂 350 倍液防治。

（4）霜霉病　主要危害叶片，也危害花梗、花球。下部叶最先染病，出现边缘不明显的黄色病斑，逐渐扩大，因受叶脉限制，呈多角形或不规则黄褐至黑褐色的病斑；组织逐渐坏死，许多病斑相连时可使叶片部分或整叶枯干。天气潮湿时，病斑的两面可长出疏松的白色霉层，叶的背面更为明显。危害花梗、种荚可造成畸形、弯曲和膨肿，潮湿时也会长出霜状霉层。此病是由一种称为芸薹霜霉菌的真菌侵染引起的，病斑上所见霜状霉层是病菌的无性繁殖体孢囊梗和孢子囊，孢囊梗似树枝状分枝，孢子囊卵圆形；该菌可在病组织内产生圆球形、壁厚有性的卵孢子。

防治方法：①减少连作，尽可能与水稻轮作一年，可以大大减少菌源。②清洁田园，彻底清除病残体。特别是收获后彻底收集病株残叶，集中烧毁，减少来年田间病菌来源。③合理密植，加强肥水管理，降低田间湿度，增强植株抗病力。④发病初期可选喷下列药剂：69%烯酰吗啉锰锌或20%丙硫咪唑800～1 000倍液喷雾防治，隔7～10天喷施或浇施一次，连续施2～3次。

（5）黑斑病　该病主要在下部老叶开始发病，叶片正背面均可感染发病，形成圆形或近圆形病斑，褐色微带同心轮纹，有时周围具有黄色晕环，潮湿时，病部产生黑色霉层，严重时叶片枯黄脱落，新叶上也出现病斑等，花球和种荚感染时，发病部位可以看到黑色煤烟状霉层。

防治方法：①实行轮作。与非十字花科蔬菜轮作倒茬，高垄栽培，加强深沟排水，消除病残体。②加强肥水管理。花球长至拳头大小时，控制灌水，适施磷酸钙，草木灰和骨粉等磷钾肥。③发病初期可选用50%甲霜灵锰锌可湿性粉剂500倍液，或64%恶霜·锰锌500倍液，或75%百菌清可湿性粉剂600倍液，或70%代森锰锌可湿性粉剂500倍液防治。

148. 山地松花菜有哪些主要虫害，怎样防治？

松花菜虫害主要有蚜虫、小菜蛾、潜叶蝇、菜青虫、斜纹夜蛾、甜菜夜蛾、蝼蛄、黄条跳甲、烟粉虱等。

主要防治措施：

①防治要贯彻“预防为主，综合防治”的植保方针，优先采

用农业防治、物理防治、生物防治，科学协调地使用化学防治，严格控制用药次数，遵守安全间隔期，将病虫害控制在允许的经济阈值以下，使农药残留量控制在国家规定的绿色食品标准以内，达到安全、优质、无害之目的。

②合理安排茬口，避免十字花科蔬菜连作，蔬菜收获后，清除田间残株落叶，并随即翻耕，消灭越夏、越冬虫口，清除沟渠田边杂草，减少成虫产卵场所和幼虫食料。

③生物和物理防治。设置黄板诱杀蚜虫：用 100 厘米×20 厘米的黄板，按照 30～40 块/亩的密度，挂在行间或株间，高出植株顶部，诱杀蚜虫，一般 7～10 天重涂一次机油。在田间安装杀虫灯和性诱剂捕杀害虫。

④药剂防治。药剂防治时要选用适宜的药剂，同时应掌握在卵孵化盛期至幼虫 2 龄期，药剂可选用 25%吡虫啉可湿性粉剂 3 000～5 000 倍液，或 1.8%阿维菌素乳油 1 000～1 500 倍液，或 100 亿活芽孢/克 Bt 可湿性粉剂 800～1 000 倍液等杀虫剂喷雾防治。在选用杀虫剂时，花菜生长中后期禁止使用杀虫双，以防花球产生红绿毛花。

（六）绿叶类蔬菜

149. 莴笋的生长习性有哪些?

莴笋为半耐寒性的蔬菜，喜冷凉，不耐热，稍耐霜冻。莴笋种子发芽适宜温度 15～20℃，发芽最低温度 4℃，温度超过 27℃以上发芽受阻。莴笋幼苗生长适宜温度 12～20℃，可耐 −5～−6℃的低温；茎、叶生长期适宜温度 11～18℃，高于 25℃易引起先期抽薹。对日照长度的反应，早熟品种较为敏感，晚熟品种反应迟钝。莴笋喜湿但不耐湿，对水分的要求比较严格。茎部肥大期为需水关键期，此时缺水，会使茎部易老化而味苦。茎部肥大后期，又要适当控水，否则易裂茎。莴笋的根系吸收能力较弱，要求种植地块的土壤肥沃、保水保肥性能好，莴笋喜微酸性土壤，土壤 pH 值 6.0 为宜。

150. 怎样安排山地莴笋生产季节?

莴笋要求冷凉的气候条件，茎叶生长最适宜温度 11～18℃。山地莴笋应充分利用山区夏秋季凉爽的气候特点，主要在夏、秋两季栽培。长江流域夏季山地栽培于 3 月中旬至 4 月中旬播种，4 月下旬至 5 月上旬定植，6 月下旬可采收上市；秋季栽培则于 7 月下旬至 8 月初播种，苗龄掌握在 18～20 天，10 月下旬可采收。不同海拔高度播种季节有所不同，海拔 300～1 100 米，随海拔高度的增加，夏季适当延迟，秋季适当提早。如海拔1 000 米左右的区域，夏季种植紫叶莴笋品种于 3 月 25 日至 4 月 10 日播种，6 月至 7 月中旬采收；秋季栽培可于 8 月上旬播种，10 月中旬前采收。山地莴笋夏季栽培，既可增加蔬菜淡季市场绿叶菜品种，又可取得良好的经济效益。

151. 适宜山地栽培的莴笋品种有哪些?

山地夏秋季莴笋宜选耐热、对高温长日照反应迟钝、不易抽薹、肉质茎粗壮的中晚熟品种。主要品种介绍如下：

（1）特耐热二白皮　晚熟，开展度大。叶片大、长卵圆形，绿色，叶簇紧凑。皮嫩、白色，节间稍较密，节疤平直，肉浅绿色，单茎重 0.9～1.2 千克。耐热性强，不易抽薹，产量稳定。

（2）金铭 1 号　中熟品种，叶片披针型，突尖，叶面皱，叶片绿紫色。皮淡绿色，生长整齐，成熟一致，肉质脆，香味浓，清脆细嫩爽口，削皮后不易变色。株高 65～85 厘米，单株重 1.0～1.5 千克。亩产 2 200～3 300 千克。茎叶生长温度 7～26℃。

（3）永安大绿州莴苣 1 号　中熟、株高 60～80 厘米，叶片呈披针型，突尖、有皱缩，互生紫绿色。肉质茎长棒型，长50～

70 厘米，单株重 1.2～1.6 千克，亩产 2 000～2 500 千克。肉翠绿色，生长快速整齐，成熟一致，肉质脆，香味浓，皮薄，可食率高，清脆细嫩爽口。秋播，9 月播种生长期 70 天左右。冬播，生长期 120 天左右。

（4）红香脆　属中晚熟品种，根系浅而密集，叶片波状纹明显，茎直立，节稀，直棒形。株高 55～65 厘米，叶片呈披针形，突尖，叶面特皱，皮淡紫色，肉翠绿色，生长整齐，成熟期一致。单株重 0.8～1.0 千克，最大单株重 1.2 千克以上。肉质脆嫩爽口，清香味浓，皮薄。发芽温度 15～20℃，茎叶生长温度 6～25℃。

（5）*农福莴苣*　是从永安飞桥莴苣中的变异株选育，中晚熟，茎长 50～70 厘米，横径 5.5～7.5 厘米，茎肉色翠绿，肉质嫩脆，香味浓。植株高大，生长整齐，叶披针型，叶面皱，有突起，叶片紫绿色，茎长棒型，外皮淡紫色，茎叶生长适温 6～25℃。

152. 山地莴笋如何进行播种育苗?

播种量：莴笋种子小，亩用种量 10～15 克。秋季适当增加播种量。选地势高燥、排水良好的地块作苗床，播前 5～7 天每 10 平方米施腐熟有机肥 10 千克或复合肥 0.5 千克作基肥。在整地前施入后深翻，整平整细，盖上塑料薄膜等待播种。

秋季栽培。于 7 月下旬至 8 月初播种育苗，经晒种，用纱布包扎种子，清水浸种 4～5 小时，晾干。因芹菜种子遇高温休眠，需低温催芽。将浸种晾干后的种子放在冰箱保鲜层进行冷处理，24 小时后用清水冲洗一下再放入冰箱，约三分之一种子露白时播种。或将浸种后的种子吊于水井、离水面 10～30 厘米处低温催芽。播种前用绿亨 2 号 800 倍药液浇透苗床进行消毒。上午播种为宜，出苗后随即揭去覆盖物，以利秧苗生长。

苗床要求土壤细、床面平，适当稀播，以免幼苗拥挤，胚轴伸长，形成劣苗。通常50克种子播30米^2。播后覆盖0.3～0.4厘米细土，平铺草帘或遮阳网，若土壤过干，可在覆盖物上洒水，保持一定湿度。出苗后要及时揭去覆盖物，晴天9：00～16：00覆盖遮阴，其余时间揭开，阴天不盖；遇中到大雨全天覆盖棚膜。为防止徒长，苗长出真叶后，就进行间苗，以相互不轧苗为准。秧苗稀，叶片舒展节间短，定植后活棵快，肉质茎粗壮；密度大，秧苗瘦弱，影响肉质茎增粗。苗间距保持1.5～2厘米见方为宜；间苗时注意去除病苗、弱苗和徒长苗。当幼苗长到3叶1心时，及时分苗。分苗前1天在苗床内浇水，次日带土起苗，苗间距4～6厘米见方。切忌在上午揭去覆盖物，否则秧苗易被强光灼伤。

夏季栽培。于3月中旬至4月中旬播种育苗，苗床整理同上。大棚育苗，播种时，苗床需浇足底水，将种子与适量细沙或细土拌匀撒播。10平方米苗床播种子25～30克。播后覆土0.3～0.4厘米，覆盖薄膜，夜间加盖遮阳网或草苫保温。清明以后播种，可采用小拱棚育苗。幼苗出土前，晚揭早盖覆盖物，保持苗床温度。幼苗出土后，适当通风，白天保持床温12～20℃，夜间5～8℃。

153. 山地莴笋怎样进行肥水管理?

（1）施足基肥　基肥充足是莴笋丰产的关键。每亩施腐熟农家肥3 500千克，加复合肥20～30千克；或每亩施腐熟优质鸡（鸭）粪2 000千克或猪粪2 500千克，三元复合肥30～50千克，深翻20厘米，使土壤与肥料充分混合，缺硼、缺锌田块，每亩分别增施硼砂1千克、硫酸锌2千克，整平作畦。

（2）适时追肥　莴笋缓苗后，每亩追施尿素5千克。莲座期，当上部叶片与心叶相平时，每亩追施尿素10千克或三元复合肥30千克。即将封行时，每亩再穴施尿素10千克、硫酸钾15千克，或氮钾复合肥30～40千克，补充氮肥和钾肥。

（3）科学灌水　莴笋生长期应视土壤墒情和生长情况科学合理地灌水，保证水分供给充足。定植后，浇定根水。秋莴笋定植后，天气热、温度高，莴笋较快进入嫩茎膨大期，应保持土壤湿润，且灌水要均匀，防止大水漫灌造成裂茎。可结合追肥灌水，有条件的采用滴灌设施肥水同灌。

154. 山地莴笋有哪些主要病虫害，怎样防治？

山地莴笋的主要病害有霜霉病、菌核病、灰霉病等，主要虫害有蚜虫、潜叶蝇等。病虫害防治应优先采用农业防治、物理防治方法，科学合理地进行药剂防治，达到生产安全、优质莴笋的目的。应与百合科、茄科、豆科蔬菜或禾本科作物合理轮作，注意施用充分腐熟的有机肥，增施钾肥，避免偏施氮肥。实行深沟高畦栽培，雨后及时排除积水，同时要科学灌水，防止大水漫灌。及时摘除老叶、病叶，并将病残体带离菜地集中无害化处理。采用黄板诱杀蚜虫和潜叶蝇等害虫。药剂防治应把握好防治时期，优先选用生物药剂，注意安全间隔期和施药次数，减少农药用量，注意农药交替使用，严禁使用高毒、高残留农药，慎用混配农药。

155. 芹菜生长习性有哪些？

芹菜喜冷凉、湿润的气候，属耐寒性蔬菜，可耐短期零度以下低温。种子发芽最低温度4℃，最适温度15～20℃，15℃以下发芽延迟，30℃以上几乎不发芽；幼苗能耐－5～－7℃低温；植株生长适宜温度为15～20℃。芹菜不耐热，26℃以上会抑制生长，叶片衰老、粗纤维增加，品质变劣。芹菜属绿体春化型植物，3～4片叶幼苗在2～10℃温度条件下，经过10～30天通过春化阶段，在长日照下通过光照阶段抽薹开花。芹菜生长对光照要求严格，浅根性根系，耐旱、耐涝力较弱，对土壤和水分要求较高，适宜富含有机质、保水、保肥性好的壤土或砂质壤土栽培。

156. 怎样的山地环境条件适合芹菜种植，怎样安排生产季节？

根据芹菜生长对温度、水分等环境条件的需求，结合山区的气候特点，合理安排不同海拔高度的山区种植芹菜，确定适宜的播种期，防止芹菜提前抽薹开花。7～9 月，海拔 500 米以下的山区种植芹菜，应采取遮阳降温措施。芹菜生长对水分需求量特别大，干旱缺水的山地不适合种植芹菜。

适时播种，是影响山地芹菜上市期的重要环节，也是能否取得较高收益的重要技术措施。浙江及周边省市的蔬菜市场，往往在 6 月上旬至 9 月份出现芹菜脱销。因此，根据不同的海拔高度确定适宜的播种期，既避免过早播种引起提早抽薹开花，又能在市场畅销的季节应市，显得十分重要。如海拔 1 000 米的山区，可以于 4 月下旬至 7 月上旬播种，前期低温时采用大棚套小拱棚育苗，6 月下旬起可采用大棚避雨、降温、保湿育苗。

157. 避雨设施在山地芹菜种植有什么作用？

7～8 月多高温干旱，或台风、暴雨，芹菜易发生病害，露地种植芹菜有一定的难度，宜采用设施避雨栽培。可于 6 月中下旬搭棚架，7 月份进行网膜覆盖栽培，即在棚膜上再盖一层遮阳网，防暴雨冲刷和烈日暴晒。避雨覆盖，能有效降低棚内湿度，防止芹菜早疫病等病害的发生。但是，必须注意棚膜和遮阳网的覆盖时间，若遮阳网覆盖时间过长，会影响芹菜正常生长，造成植株瘦弱、产量下降。一般晴天，9：00～16：00 覆盖遮阳网，即上午盖傍晚揭；阴雨天，必须确保棚膜避雨。

158. 适宜山地栽培的芹菜品种有哪些？

山地芹菜宜选用植株稍小、叶柄细长、香味浓厚、生长势强、耐抽薹、抗病、丰产适销的优质高产品种。主要品种介绍如下：

上农玉芹 生长快，分蘖少，株茎粗，纤维含量低，上口脆嫩、清香，无苦味，品质佳。叶柄空心，叶心金黄绿，商品性好，产量高，适应性较广。

正大脆芹 抗热耐寒，抗病抗逆能力强，生长速度快，叶片较大，淡绿色，黄心，白梗，质地脆嫩，清香味浓，商品性好，产量高。

津南实芹 1 号 分枝少，叶柄淡绿色，实心率高，粗纤维少，鲜嫩，品质优。生长速度快，较耐寒、耐热、耐肥水，抽薹晚，产量高，抗病性强，适宜露地及保护地栽培。

金于夏芹 植株长势旺，叶色绿，叶柄淡绿，心叶黄绿色，叶柄粗壮、空腔较小，单株重 39 克，质地脆嫩，纤维少，商品性佳。产量高，耐热性较强。一般播种至采收 90 天左右。

159. 山地芹菜怎样培育壮苗？

（1）苗床准备 选择 2～3 年内未种植过芹菜、疏松肥沃的沙壤土作苗床。结合施肥深翻床土，苗床畦宽 1～1.1 米、畦高 25～30 厘米、沟宽 20 厘米，长度依播种量而定，畦面平整，表土松紧一致。

（2）催芽播种 将晒过的芹菜种子先用清水浸 12 小时，再用 48℃温水浸 30 分钟，或用 0.1％的高锰酸钾溶液浸泡 15 分钟后用清水冲洗干净；然后将种子用湿纱布包裹好置于冰箱冷藏室，保持种子湿润，3 天左右待 30％以上种子露白即可播种。播种前，每亩用 0.1％噁霉灵颗粒剂 2.5～3 千克处理苗床，将 1/3 撒在苗床内，其余 2/3 播种后作盖土；或用 96％噁霉灵 3 000～6 000 倍液（或 30％噁霉灵 1 000 倍液）均匀喷洒苗床土壤（每平方米喷洒药液 3 克），预防苗期病害。播前苗床要浇透水，将处理好的种子和细砂混匀，均匀撒播于床面，然后覆盖 0.3～

0.4 厘米厚药土或过筛细土。

（3）苗期管理　播种后苗床保持湿润。种子发芽顶土时应适量洒水 1 次，促进幼苗顺利出土，一般 8～10 天即可齐苗。出苗后用联苯．噻虫胺（家保福）颗粒剂全田撒施防治跳甲、蛴螬等害虫。出苗后大棚两头要通风，注意保持白天温度 20℃左右，超过 25℃时应揭开裙膜通风，夜温不低于 15℃，防止苗期低温造成先期抽薹。露地气温稳定在 15℃以上时可揭去裙膜。从子叶展开长至 4～5 片真叶需 45～50 天，整个苗期应保持土壤湿润。芹菜苗期一般不追肥。

也可采用育苗穴盘和蔬菜育苗专用基质进行穴盘育苗。

160. 山地芹菜如何定植与管理？

（1）定植　定植前半个月施入基肥并深翻土壤。基肥用量：每亩干鸡粪（鸭粪）1 250～1 300 千克或猪栏肥 2 000～2 500 千克，进口复合肥 35 千克，缺硼田块加硼砂 1 千克，然后翻耕整平，畦宽 1 米，畦高 20～25 厘米，沟宽 30 厘米。为防止杂草，定植前 3 天喷施施田补除草剂，同时扣上大棚顶膜避雨。苗龄 40 天左右即可定植。丛植，每穴可定植 6～8 株，行株距均为 15 厘米，每亩定植 12 000 丛左右；也可 2～3 株 1 穴，行株距 6～8 厘米。

（2）肥水管理　除了施足基肥外，一般追肥 2 次，定植成活后，亩用尿素 7.5 千克兑水施入；第 2 次追肥于采收前 15 天喷施叶面肥，选用氨基酸叶面肥、德国康朴狮马叶面肥、天然芸薹素等。水分管理：芹菜生长需水量较大，定植后应经常补充水分，以保持土壤湿润。为降低棚内空气湿度，晴天上午 8～9 时浇足水，傍晚浇水量少一点。

（3）温度管理　高温期间，采用大棚或小拱棚遮阳栽培等措施降低气温和土温，为芹菜生长创造较适宜的环境条件。定植初期，植株未封垄前，10 时至 16 时，及时补充水分，有条件的宜采用微喷设施增湿降温；也可通过地面覆盖（如铺草）降低土温。

161. 山地芹菜有哪些主要病虫害，怎样防治？

山地芹菜主要病害有斑枯病、早疫病、软腐病等。病害防治要重视轮作，冬季休耕季节，每亩菜地撒施生石灰50～750千克并深翻，可有效预防芹菜土传病害和因缺钙引起的生理性病害。药剂防治方法：斑枯病发病初期可用72%霜脲·锰锌可湿性粉剂600倍液，或25%苯醚甲环唑乳油2 000～2 500倍液，或70%丙森锌可湿性粉剂400～600倍液等防治，间隔7～10天喷洒1次，防治2～3次。早疫病可用70%丙森锌可湿性粉剂600～800倍液，或47%春雷霉素·氢氧化铜可湿性粉剂500～800倍液等喷雾防治。软腐病可用72%的农用链霉素3 000倍液，或链·土霉素3 000～4 000倍液，或4%春雷霉素可湿性粉剂1 000倍液，或高锰酸钾500倍液等防治。

主要虫害有蚜虫和斑潜蝇。蚜虫可用10%吡虫啉可湿性粉剂2 000倍液，或10%吡丙醚乳油800倍液，或3%啶虫脒微乳800倍液等防治；斑潜蝇可用50%灭蝇胺可溶性粉剂2 500倍液，或2%甲氨基阿维菌素苯甲酸盐乳油3 000倍液等喷雾防治。

（七）根菜类蔬菜

162. 萝卜的生产习性有哪些？

萝卜属半耐寒性植物，种子在2～3℃开始发芽，适宜温度为20～25℃。幼苗期适应的温度范围较广。叶丛生长温度范围为5～25℃，适温为15～20℃。肉质根生长温度范围6～20℃，适宜温度为13～18℃，温度低于－2～－1℃，肉质根会受冻。萝卜营养生长期的温度以由高到低为好，前期较高的温度，有利于小苗和形成繁茂的叶丛，为肉质根的生长打下基础。以后温度逐渐降低，有利于光合产物的贮藏积累和肉质根的膨大。但不同类型品种适温范围有差异，冬萝卜适应范围较小，四季萝卜适应范围较广，在温度较高的季节也能生长。萝卜在不同生长期的需水量有较大差异。发芽期和幼苗期需水不多，也不宜太少；肉质根生长的适宜土壤含水量为65%～80%。土壤以土层深厚，排水良好，富含腐殖质的砂壤土为好，pH值5～7为宜。

163. 怎样安排山地萝卜生产季节？

不同海拔高度，只要温度适宜均能种植萝卜。但是山地夏季种植萝卜，应根据萝卜肉质根生长对温度的要求，在肉质根膨大期要避开高温和低温时期；还应考虑萝卜在夏季高温条件下较易发生软腐病和病毒病，春季温度过低易引起先期抽薹等因素。因此，长江流域海拔1 000米以上的山地，夏季比较适宜种植萝卜。播种期以避开平原地区的上市季节为宜。海拔1 000米的山地萝卜可于5～8月分批播种，播种过早易引起先期抽薹，播种过迟易引起冻害，大棚种植可以适当提早和延后。需要注意的是，生产上应选用新种子播种，陈种子容易出现先期抽薹现象。

164. 适宜山地栽培的萝卜品种有哪些？

金华早萝卜　早熟，生长期45～60天，叶丛直立，株高30～40厘米，开展度20～25厘米，叶数15片左右，叶形有板叶和花叶之分，花叶，裂片约7对，淡绿色。肉质根呈圆柱形，底稍平，根长17厘米，横径5～6厘米，单根重300克左右，三分之一露出土面，表面光滑，皮肉白色、皮薄、汁多，煮食易烂，味甜，商品生佳，品质较好。一般亩产2 000千克，最高的可达2 500千克。

白雪春2号　早熟，植株生长势强，株高约52厘米，开展度约72厘米。叶姿较平展，叶片深裂，肉质根皮色肉色均白色，长柱形，根长25～32厘米，径粗7.5～8.2厘米，单根重1.1～

1.4千克。肉质根表面光滑、须根较少，不易糠心和分叉，商品性好，耐抽薹性较强。

新白玉春 引自韩国。株型半直立，叶数少，播种后60天左右开始收获。根皮全白，光滑，内质脆嫩，口感好。根端定型生长，可随时收获，不易糠心，极少发生裂根。极耐抽薹，单个萝卜重1.4～1.8千克，亩产3 500～6 500千克，耐贮运。

白玉春 早熟，生长期60～70天，功能叶17片左右，全裂叶，叶簇半直立。叶色深绿，羽叶，叶缘缺刻。耐寒、冬性强、耐抽薹，糠心晚。根部全白，长圆筒形，肉质根长23厘米，横径5～7厘米。质脆，味甜，风味好，商品性佳，耐贮运。对黑腐病和霜霉病有较强的抗性。

白玉夏 早熟，根部全白，圆筒形，根长30～33厘米，整齐一致，商品性佳；粗纤维含量少，肉质脆嫩，口感好。抗病性强，耐热性好，播后50～55天可上市。

秋盛2号 早熟，植株生长势强。叶色浓绿，叶片短小，株型紧凑，生长期短、产量高，适合密植的淹渍用白萝卜品种。播种后65天根长可达48厘米，根径5.5厘米左右，尾部粗，糠心迟，弯曲少，肉质致密、鲜嫩，表皮薄。

165. 山地萝卜播后如何确保齐苗？

萝卜播前数天应深耕土壤30厘米，耙匀，晒垡。施足基肥翻耕后作高畦，畦宽（连沟）1.5米。金华早萝卜采取穴播或条播，亩用种量1～2千克，行株距30～40厘米×20厘米；韩国和日本长根型萝卜采取穴播，每穴播种子1粒，亩用种量80～85克，行株距30～40厘米×20厘米。播种后采用地膜覆盖，或在畦面覆草，以防雨水冲刷，减少土壤水分蒸发。

地膜覆盖的，出苗后及时进行破膜露苗、间苗和补苗。破膜露苗可用竹签在地膜上划一小口，让幼苗能露出即可，并随即用细土将地膜破口封严。破膜露苗宜在阴天或晴天午后进行。

166. 山地萝卜怎样进行肥水管理？

萝卜需要的营养元素钾最多，氮次之，磷最少。基肥一般亩施充分腐熟有机肥 2 000～2 500 千克，或饼肥 40 千克，加施过磷酸钙 20～30 千克，硫酸钾 30～40 千克，或复合肥（氮：磷：钾＝15：15：15）30～40 千克。追肥根据“破心追轻，破白追重”的原则，可分两次进行。定苗后亩用 2.5～3.0 千克尿素冲稀后浇入；第二次肉质根膨大期，每亩用尿素 10 千克或复合肥 25 千克冲稀后浇入。注意追肥切忌浓度过大和靠根部太近，应距萝卜根 10 厘米处；浓度过大易使根部硬化，追肥过晚则易使肉质根品质变劣，裂根或产生苦味。萝卜是一种需硼较多的蔬菜，缺硼易引起萝卜的生理病害，严重时黑心而失去食用价值，甚至绝收。莲座期后须喷 0.2％硼砂溶液1～2 次。

肉质根膨大盛期需水量最大，应充分均匀灌水，保持土壤湿润，缺水或时干时湿会造成肉质根质地粗劣，甚至干裂腐烂。多雨季节及时排水防渍害，旱季如出现畦沟发白开裂应及时灌水抗旱。

167. 山地萝卜栽培常见问题如何解决？

（1）糠心　萝卜肉质根木质部中心部位发生空洞现象称为糠心。主要是因肥水供应不均、偏施氮肥、茎叶徒长、先期抽薹或采收过迟等原因造成。解决方法：一是选择肉质紧密、干物质含量高、耐糠心的品种；二是合理施肥，重点增施钾肥与硼肥，促进肉质根发育，加强输导组织功能，防止因氮肥过多导致叶片过度旺盛，从而影响同化物质输送到肉质根；三是均匀供水，土壤含水量以 70～80％为宜，特别要防止前期土壤湿润，而后期土壤干旱。

（2）先期抽薹　主要是因种子萌芽或幼苗发育阶段低温期长

而通过春化引起。种子活力弱或幼苗生长不良，也会促进先期抽薹。解决方法：一是合理安排播种期；二是选用新籽；三是加强培育管理，促进秧苗健壮。

（3）分叉　萝卜分叉是因主根的生长受阻或损伤引起。主要原因是土壤耕层太浅、土质坚硬、播种前土壤耕层内的石块、瓦片等坚硬物质、施肥灼伤、主根膨大期遇地块干旱或浇水不及时、地下害虫对主根咬食等。解决方法：一是选择疏松的土壤栽培，播种前要深耕细耙，避免小石块、硬土块等影响肉质根生长；二是减少化肥使用量，施用充分腐熟的有机肥以免伤幼根；三是播种时注意防治地下害虫，避免危害根部。

（4）裂根　主要是因肉质根膨大时期供水不匀所致。应做好排灌工作，确保供水均匀。

168. 山地萝卜有哪些主要病害，怎样防治?

山地萝卜主要病害有病毒病、软腐病、黑腐病、霜霉病、黑斑病。优先采用农业防治方法，如选用抗病品种，与非十字花科作物实行三年以上轮作，高畦栽培，增施有机肥，及时拔除病株，清洁田园等。药剂防治应在发病初期对症下药。病毒病发病初期可用1.20%吗啉胍·乙铜可湿性粉剂、10%吗啉胍·羟烯、8%宁南霉素水剂等药剂；软腐病、黑腐病可选77%氢氧化铜可湿性粉剂、72%农用链霉素；霜霉病选用69%烯酰吗啉锰锌可湿性粉剂、80%烯酰吗啉水分散粒剂、58%甲霜灵锰锌可湿性粉剂、72%霜脲·锰锌可湿性粉剂等药剂；黑斑病选用77%氢氧化铜可湿性粉剂、80%代森锰锌可湿性粉剂等药剂对水喷雾进行防治防治。

169. 山地萝卜有哪些主要虫害，怎样防治?

山地萝卜主要虫害有蚜虫、菜青虫、小菜蛾、斜纹夜蛾、黄条跳甲、小地老虎、蛴螬等。要彻底清除杂草，消灭越冬虫卵，减少虫源基数。及时防治蚜虫，拔除并销毁田间发现的重病株，防止蚜虫和农事操作时传毒。可采用黄板诱杀蚜虫，发生初期用0.36%苦参碱水剂、10%吡虫啉可湿性粉剂等药剂对水喷雾防治；青菜虫可用5%氟虫脲乳油，或5%伏虫脲乳油，或3%甲氨基阿维菌素苯甲酸盐微乳剂等药剂对水喷雾防治；小菜蛾、斜纹夜蛾等可应用性诱剂诱杀，或用20%氯虫苯甲酰胺悬浮剂，或15%茚虫威悬浮剂等药剂对水喷雾防治；黄条跳甲、小地老虎、蛴螬等地下害虫可在播种时用联苯·噻虫胺，或3%辛硫磷颗粒剂混土撒施防治。

170. 芜菁的生长习性有哪些？

芜菁，又名蔓菁，盘菜。块根为肉质根、呈扁球形，须根多生于块根下的直根上，茎直立，上部有分枝。盘菜为二年生植物，喜冷凉气候，不耐暑热，苗期较耐热，属于种子春化型蔬菜，在2～6℃下经20～25天通过春化阶段，生育适温15～22℃。以土层深厚、富含有机质、保水和排水良好、疏松肥沃的砂壤土为最好，适宜秋冬栽培。土层过浅，土壤过于黏重或排水不良，都会影响芜菁生长及品质。芜菁吸肥能力强，施肥应注意氮、磷、钾的配合，补充硼砂等微肥，增施有机肥。盘菜栽培忌连作，要与非十字花科蔬菜进行轮作。

171. 怎样的山地环境适合芜菁生长，怎样安排栽培季节？

芜菁生长需土地疏松、水肥充足、气温凉爽。宜选择海拔高度为500～1 000米，土壤含有机质较多、肥沃、排灌方便的砂质壤土或壤土种植。

山地芜菁对播种期要求严格，早播易发生病毒病，须根据当地海拔高度和天气情况确定播种期。长江流域海拔500米区域一般于8月中下旬播种；海拔每升高或降低100米，播种期相应提早或延后5～7天，海拔800米以上的可在7月下旬至8月上旬播种。育苗移栽方式较直播方式栽培的播种期可适当提前，苗龄25～30天。盘菜在定植后60天左右、单个肉质根长到0.5～1.0千克，10月下旬至12月中旬分批采收。

172. 适宜山地栽培的芜菁品种有哪些？

种植山地芜菁应选择较耐热、抗病、早熟、优质和商品性佳的品种。山地适栽的芜菁品种有以下几种：

玉环芜菁　早熟种，生育期80～90天。具有肉质根皮白、盘大形美、口感细嫩鲜美、腌酱加工后风味独特爽口的特点，肉质根高6厘米，横径12～14厘米。

温州中樱芜菁　中熟种，生育期100～110天。肉质根高8厘米，横径16厘米。

温抗1号　早熟种，生育期80～90天。单个肉质根重800～1 200克，纵、横径分别为9～13厘米和16～22厘米，皮光滑、白色，肉质细嫩。定植至采收需55～60天。

173. 山地芜菁怎样育苗？

（1）苗床准备　一般每亩大田需苗床8～10米^2。苗床地撒施腐熟猪粪、钙镁磷肥或过磷酸钙、生石灰等，为防止地下害虫为害，可用48%乐斯本或50%辛硫磷800倍液洒入土中，再进行翻耕，耙平畦面。

（2）播种　播种前苗床浇足底水。为便于均匀撒播种子，可用干细土（或焦泥灰）与种子拌匀，撒于苗床畦面，用0.5～1.0厘米厚的细土或培养土盖籽，然后覆盖遮阳网或干草，并搭小拱棚。

（3）苗期管理　芜菁苗出土后，要及时揭掉遮阳网等覆盖物，下雨天小拱棚覆盖薄膜避雨，畦两端不覆膜；晴天则揭去薄膜。遇高温、强日照天气，上午 10 时至下午 3 时宜在小拱棚上覆盖遮阳网，防止高温危害。为保持苗床湿度和降低地温，也可在芜菁苗出土后，撒一层稻谷壳或细碎草。要及时间苗，一般在播种后一周进行第一次间苗，保持苗距 4～5 厘米，并及时拔除杂草。在苗床表土见白时浇水或施肥，一般可追施 0.2%～0.3%复合肥 2 次。根外追肥宜结合病虫防治进行，可在药液中加 0.2%磷酸二氢钾等叶面肥。

174. 山地芜菁应怎样定植？

（1）定植前准备　定植前深翻土壤，深沟高畦，连沟畦宽 1.2～1.5 米。芜菁生长发育要求有较充足的肥料，需施足基肥。亩施栏肥 1 500～2 000 千克、焦泥灰 2 000 千克、复合肥 30～50 千克、钙镁磷肥 30～40 千克、硼砂 1.5 千克等。施基肥的方法，可以在作畦后，畦中间开深沟施入；也可以在畦中间开深沟施入栏肥，其他肥料一起撒施于畦面，并与土拌匀。

（2）合理密植　芜菁亩栽 3 000～4 000 株。畦宽 1.5 米可栽 3 行，株行距为 0.35～0.4 米×0.5 米；畦宽 1.0～1.3 米可栽 2 行，株行距为 0.3～0.35 米×0.5～0.6 米。

（3）适龄定植　芜菁苗龄约 25～30 天时定植为宜。剔除病苗与弱苗，选择肉质根膨大至黄豆粒大、子叶完整、大小一致的壮苗进行定植。定植前进行一次病虫害防治，苗床浇透水后可用刀切土块起苗，以便使秧苗带土移栽。

（4）适当浅栽　定植时秧苗根颈部不宜埋入土中，即小“芜菁”要稍露出地面。定植后随即用 0.2%尿素水浇点根肥。遇干旱天气，每天浇水 1～2 次，连浇 2～3 天，保持土壤湿润，以利缓苗。

175. 山地芜菁怎样搞好田间管理？

（1）巧施追肥　芜菁追肥的原则是少施氮肥，增施磷钾肥；

生长前期轻施，肉质根膨大期重施。一般 6～7 片叶时定苗并追施一次氮肥，块根膨胀期追施磷钾肥。每次追肥量不宜过多，浓度不能过高；行间追肥，不可在芜菁小苗上施肥。每亩可追施复合肥 5～8 千克，并采用 0.2%硼砂液等进行叶面喷施，从定植至采收需追肥 5～6 次。

（2）科学灌水　芜菁生长期间需保持土壤湿润，但不宜过湿。雨后要及时排涝，防止田间积水，干旱天气在畦面发白及时灌水。

（3）适时采收　芜菁在定植后 60 天左右、单个肉质根重 0.5～1.0 千克时就可分批采收。高山芜菁易受冻害，宜在 12 月中旬前采收结束。

176. 山地芜菁有哪些主要病虫害，怎样防治?

芜菁主要病害有病毒病、霜霜病、炭疽病、软腐病。盘菜病虫防治应优先采用农业综合防治措施，如适期播种，合理施肥，保持土壤湿润，发现病株及时拔除等，并及早进行药剂防治。防治病毒病可用 0.1%高锰酸钾溶液浸种 30 分钟，然后将种子洗净播种；植株发病初期可选用 20%吗胍・乙酸铜可湿性粉剂 500 倍液等喷雾。防治霜霉病可用 72%霜脲・锰锌可湿性粉剂 800 倍液喷雾。防治炭疽病用 10%苯醚甲环唑水分散粒剂 1 000 倍，或 60%唑醚・代森联水分散粒剂 1 500 倍，或 75%百菌清 800 倍，或 250 克/升嘧菌酯悬浮剂 1 000 倍液等喷雾。防治软腐病可用 3%中生菌素可湿性粉剂 800 倍，或 72%农用链霉素，或新植霉素 3 000 倍液等喷雾或灌根。

主要虫害有蚜虫、菜青虫、跳甲。蚜虫可选用 10%吡虫啉可湿性粉剂 1 500 倍液，或 5%啶虫脒乳油 1 500 倍液等喷雾防治。菜青虫可选用 1.5%甲氨基阿维菌素苯甲酸盐 1 500 倍液，或 20%氯虫苯甲酰胺悬浮剂 4 000 倍液等喷雾防治。跳甲可用 80%敌敌畏 1 000 倍液等喷雾防治。

（八）薯芋类

177. 怎样的山地环境适合生姜栽培？

生姜喜温暖、湿润，怕强光直射，耐寒和抗旱能力较弱，耐荫能力较强，植株只能在无霜期生长。生长最适宜温度 25～28℃，低于 20℃则发芽缓慢，遇霜植株会凋谢，受霜冻根茎就完全失去发芽能力。海拔高度 1 000 米以下山地避风、较荫凉的小气候环境条件较适宜生姜的栽培。生姜忌连作，否则易发生姜瘟病。种植山地生姜宜选择上年未种过生姜的坡地和稍阴的土层深厚、疏松、肥沃、排水良好的地块。海拔高度 300～1 000 米的山地，一般于 2 月底至 3 月中旬种姜催芽，4 月中旬至 5 月中旬定植，10 月中下旬至 11 月份采收，此时姜的地上部植株开始枯黄，根茎充分膨大老熟，霜冻前完成采收。如采用大棚早熟栽培的，则应选择海拔低、光照条件好，早春升温快的山地，有利于提早上市，获得较好的经济效益。

178. 适宜山地栽培的生姜品种有哪些？

根据目标市场消费习惯、生长习性、种植条件，浙江一带多选择山东莱芜大姜、红爪姜等品种。山东大姜产量高、姜块肥大且以单片为主，姜丝少，肉细而脆，辛辣味淡。浙江一带特早熟栽培的品种以红爪姜为主，适合鲜销作蔬菜用。

红爪姜　因分枝节处呈浅紫红皮、外形肥大如爪而得名，浙江金华地区常用品种。中晚熟，长势强，分枝数少。耐干旱，抗病性强，适应性广。姜块皮色淡黄，肉质黄色，纤维少，辛辣味浓，品质佳。嫩姜可炒食、腌渍。

蟠桃山生姜　别名蟠姜，浙江开化地方品种。中晚熟，分枝强，定植至采收 180～200 天。喜温，较耐旱、耐热和耐寒，怕强光和高温，较耐阴，耐贮运。辛辣味浓，纤维少，品质优，产量高。

179. 山地生姜怎样进行种姜消毒催芽?

(1) 种姜消毒　采用1%波尔多液浸种20分钟，或草木灰浸出液浸种20分钟，或1%石灰水浸种30分钟，或多菌灵800倍水溶液喷洒在姜种表面，或高锰酸钾1 000倍水溶液清洗姜种。

(2) 催芽　种姜消毒晾干后摆放在铺有稻草的熏姜灶上，姜头朝内，层层叠放，再盖草帘或稻草，用炭火催芽，利用炭火或柴草的热烟加温。也可搭建大棚、铺设电热丝加温催芽。催芽温度掌握在22～25℃，30天后，待姜芽0.5～1厘米时，按姜芽大小分级备播。海拔高度300～1 000米区域于2月底至3月中旬催芽，低海拔区域山地大棚嫩姜早熟栽培，催芽时间相应提前到1月份。

催芽后按姜芽大小分级，切成重约50克、保留1个壮芽的姜块作种姜，切面沾草木灰保护。

180. 山地生姜排种前后注意哪些事项?

(1) 选地整地施基肥　为防姜瘟等病害，山地生姜应实行轮作，不宜与茄科类作物连作，与水稻等作物进行3年以上的水旱轮作更好。结合整地每亩撒施腐熟鸡粪500千克，三元复合肥50千克，锌肥2千克，硼肥1千克，翻耕后四周开好排水沟，深沟高畦。土壤宜微酸到中性，碱性土壤不宜栽培，酸性过强的土壤，整地时可先撒石灰粉35～40千克，然后作畦种植。

(2) 适时排种　山地生姜每亩需种姜250～300千克，海拔高度300～1 000米山地一般于4月中旬至5月中旬排种；低海拔山地大棚嫩姜早熟栽培可于2月上中旬排种。

(3) 合理密植　山地生姜行距60～65厘米，株距18～20厘米，亩栽5 000～6 000株。大棚嫩姜亩栽10 000株，大小行种植，大行行距0.80米；小行开沟种植双行，行距0.20米，株距

0.13 米，沟中姜芽朝向大行排列。种姜姜芽朝上排放于种植沟内，覆盖 5～6 厘米细土，保持土壤湿润。畦面盖一层稻草，再覆盖地膜，地膜四周用泥土压实。覆盖稻草既能保温、防杂草，又能提供养分。

181. 山地生姜应怎样搞好苗期管理？

（1）*适时施用壮苗肥*　在姜苗具 2 个分枝时，每亩用碳铵 5～6 千克、过磷酸钙 4～6 千克对水穴施，追施壮苗肥。

（2）*防治姜立枯病*　立枯病为真菌性病害，主要为害幼苗。防治方法：姜种用噻菌铜 500 倍消毒，可浸泡 6 小时后再种植。发现病株后及时挖除，并用 30%噁霉灵水剂 800～1 000 倍或 20%噻菌铜悬浮剂 600 倍液灌根，每 7～10 天防治一次，连续 2～3 次。

（3）*及时除草*　生姜播种后出苗前，每亩用 33%二甲戊乐灵乳油 150～200 毫升兑水 50 千克封面除草。苗期结合浅中耕人工锄草。

（4）*分次培土*　根据生姜生长情况，培土 2～3 次。

182. 山地生姜怎样进行肥水管理？

生姜幼苗期需肥较少，旺盛生长前期需钾量最多，氮肥次之；旺盛生长中、后期氮多于钾，钾多于磷。应根据植株的长势合理追肥，一般追施 3 次，掌握先淡后浓的原则，可结合中耕除草进行。

第一次追“壮苗肥”。在苗高 30 厘米左右，具有 1～2 个分枝时第一次追肥。每亩用碳铵 10 千克＋过磷酸钙 10 千克对水穴施。

第二次追“催子肥”。6 月中旬至 7 月中旬每株达 5～6 个分枝时，每亩用三元复合肥 15～20 千克，或用尿素 10 千克＋过磷酸钙 7 千克＋钾肥 5 千克，兑水穴施。

第三次追“膨大肥”。8～9 月是姜地下根茎迅速膨大期，每亩用三元复合肥 15 千克＋尿素 10 千克对水穴施膨大肥。

锌肥和硼肥通常可作基肥或根外追肥。在缺锌缺硼姜田，每亩加施硫酸锌 1～2 千克、硼砂 0.5～1 千克，与细土或有机肥均匀混合作基肥；也可用 0.05%～0.1%硼砂每亩 50～70 升，分别于幼苗期、发棵期、根茎膨大期喷施叶面，进行根外追肥。

水分管理。采用套种、覆盖、培土、遮阴等措施保持土壤墒情。梅雨季和暴雨时，应及时排水，干旱时适当灌水。立秋前后，生姜进入旺盛生长期，需水量增加，应保持土壤湿润。

183. 山地大棚嫩姜和露地生姜怎样适时采收?

山地大棚嫩姜 5 月份后，当单株地下根茎重量达 0.05 千克时，可根据嫩姜市场价格行情，适时采收。进入 7 月份，可连片采收或间苗采收，连同植株带姜一起销售。

露地老姜一般在 10 月中下旬至 11 月份采收。待姜地上部植株开始枯黄，根茎充分膨大老熟时挖采，霜冻前完成。若嫩姜市场价格高，8 月初即可采收。

生姜采收后，挑选肥厚、无病虫害、无机械损伤的姜块进行储藏。储藏前，先将挑选的姜块薄薄摊开，晾晒 1～2 天，促使生姜表面水分蒸发，提高耐储性。

184. 山地生姜怎样储藏?

生姜适宜的储藏温度 10～15℃，低于 10℃姜块易受冻，受冻的姜块在升温后易腐烂；温度过高，姜腐病等病害蔓延，腐烂会加重。适宜储藏的相对湿度 90%～95%，湿度过大，有利于病菌繁殖导致腐败；湿度过小，则造成姜块失水、干缩，降低食用品质。同时，要经常检查，发现有烂姜，必须迅速将烂姜清除，并撒上生石灰消毒。

山地生姜一般采用地窖或山洞储藏。

地窖储藏：于地下水位低、排水良好、土质结实的地方挖地窖。

山洞储藏：储藏量大，可利用背风朝阳的南山坡，横向挖5～10米长的山洞，洞大小根据需要而定。进姜前，洞内撒生石灰消毒。用砖石和黄泥浆封洞口，并安装通气管，洞温保持10～20℃。当洞内温度降到10℃以下时，要封闭洞口，谨防冷空气冻伤生姜。

185. 山地生姜有哪些主要病虫害，怎样防治？

山地生姜主要病害有姜瘟、姜斑点病等。

姜瘟为细菌性病害，以农业防治为主。可通过轮作换茬切断土壤传播途径，用噻菌铜500倍液浸种姜和消毒土壤，发病初期每7～10天灌根一次，或连续喷雾3～5次。当田间发现病株后，应及时拔除中心病株，并挖去带菌土壤，撒施石灰粉消毒。姜斑点病，可于发病初期叶面喷施噻菌铜或甲基硫菌灵，每隔7～10天喷一次，连喷2～3次。

主要虫害是姜螟，又叫钻心虫。姜螟幼虫钻蛀咬食，并可转株危害。可叶面喷施5%甲氨基阿维菌素苯甲酸盐乳油1 000～2 000倍液，或20%氯虫苯甲酰胺悬浮剂5 000倍液，或2.5%氯氟氰菊酯乳油5 000倍液防治。

186. 怎样的山地环境条件适合山药栽培？

山药属块茎类蔓生植物，喜光，耐热，不耐涝，适宜土层深厚、排灌方便、有机质丰富的砂质壤土，忌连作。山药生长期若土壤过干会严重影响块茎的膨大，适度的阴湿环境有利于提高产量，要尽量利用耕作措施保苗促根，保持土壤见干见湿。

一般山地土壤均可进行山药栽培。但山药不耐霜冻，海拔过高的地区因适宜生长时期较短，不利于产量形成。浙江海拔高度400～650米山区一般于3月下旬至4月上旬切块催芽，4月下旬至5月上旬移栽，也可切块后堆放7天左右，等芽眼萌动后即可种植大田。有条件的可采用大棚设施提前育苗。

187. 适宜山地栽培的山药品种有哪些?

山药分白山药和紫山药两类，根据当地气候、土质及消费习惯选择主栽品种，浙江一带主要种植白脚板薯、块状白山药及紫山药。

紫山药，原产于台州黄岩、温岭，温州乐清等地山区，是优质山药地方品种，块茎短圆柱形或不规则块状，表皮薄而脆，呈褚褐色，中上部生有较多须根，肉质细嫩柔滑呈紫红色，肉纹细，单个块茎重500克左右，最重可达2 500克以上，肉质柔滑，风味鲜美独特，色泽亮丽，营养丰富。但不耐贮藏，抗炭疽病较弱。

白脚板薯，块茎肉质白色细嫩，淀粉含量高，煮食时汁浓味甜带粉，耐贮藏。

块状白山药，块状，肉质白色嫩滑，皮薄而脆，不耐贮藏，抗病性好。

188. 山地山药怎样育苗?

紫莳药由于种薯较大，也必须进行切块种植。一般情况下，种块越大，单株薯块越大，但综合种植密度及用种的经济性，以每块种薯50克大小为宜。先将长形种薯横切成3～3.5厘米小段，再纵切成2～4块，保证有表皮完好的芽眼3～4个。因顶部抽生的植株抗病性较弱，易发炭疽病，最好切除种薯顶部2～3厘米。如需用种薯顶端薯块做种，因顶端薯块抽芽速度快，需与种薯其它部位种块分开种植，确保同一田块出苗齐整，生长一致。切块后，种块先放在80%代森锰锌或70%甲基托布津250倍液中浸泡1分钟进行消毒，并用干草木灰涂种块切口杀菌防烂，或用钙镁磷肥涂种块切口。育苗床应选择朝南、地势高、排水好、近3年未种植薯芋类作物的田块。种植前床土应浇透水，将消毒处理过的种薯，按芽眼同一朝向侧面平铺在苗床上，种薯间稍留间隙，并覆盖厚度3～4厘米营养土，再盖厚度3～4厘米稻草，然后盖地膜保湿、避雨、保温，地膜四周用土压紧密闭。加盖小拱棚可提高保温效果。苗床一般不需浇水，如床土过干应浇水。出苗后及时揭地膜和稻草，小拱棚两端通风，待苗高2～3厘米、苗龄30～35天时定植大田。

189. 山地山药怎样移栽？

（1）适时移栽　海拔高度400～650米山地宜在4月下旬终霜后移栽。每亩施用腐熟农家肥2 000千克、硫酸钾复合肥40千克作基肥，开沟深施覆盖泥土。移栽时注意种薯不能与化肥接触。浙江黄岩采用开洞穴栽培方式，使块茎生长膨大的土壤环境变得松软，或部分块茎悬空，可以避免耕作层中砂石、泥块或其它硬物对块茎生长的影响，有效减少块茎表皮凹凸不平及顶端分杈现象；形成的块茎表皮光滑，长圆形块茎条形挺直，还可增加长度4～5厘米，商品性明显提高。

（2）合理密植　深翻田块并作高畦栽植，畦宽90厘米（含沟20厘米）单行种植，也可畦宽150厘米（含沟20厘米）双行种植。种植密度因品种、土质、搭架方式等不同有所差异。一般株距0.35～0.45米，每亩栽植1 600～2 500株，需要种薯100～150千克。个别种苗在定植后会从种块茎上抽生新苗，应及时抹去，保留1～2个健壮苗，以提高单个薯块重量和品质。

190. 山地山药怎样搭架引蔓？

山药为蔓生作物，为增加叶面积指数，提高产量，应及时搭架引蔓，可搭“人”字架或“井”字架。“人”字架宜采用2米左右的竹杆或竹片，在两畦或两行之间搭人字架。“井”字架通风透光好，可选用长3米、直径6～8厘米的木杆作架材，木杆之间距离为2米×3.5米，每亩插100根，木杆尖端入土40厘米；木杆离地面80厘米处拉一道铁丝，使木杆相互连接，并依次往上共拉三道铁丝，木杆顶部平面呈“井”字型铁丝网。当主蔓30～35厘米时，及时引蔓上架。在生长过程中，还应及时将伸展到操作道的侧蔓牵引上架。

191. 山地山药怎样进行肥水管理?

山药根系多分布于20厘米浅层土壤中，所以在种植山药的水肥土管理中，应注意深耕和深施有机肥结合，达到养护根系的目的。可选择磷、钾为主，适量氮肥的复混肥料作追肥，当苗高10厘米左右时，结合中耕除草第一次追肥，每亩施用尿素10千克。薯块形成和膨大时，每亩分别追施硫酸钾复合肥30千克和20千克，后期叶面喷施0.2%磷酸二氢钾，补充山药膨大所需养分，提高植株抗寒能力。

当主蔓长至架顶、植株基部开始抽生侧蔓时，要保持土壤湿润，避免田间积水，薯块生长后期不能沟灌。当苗高30～50厘米时，在地膜上铺草，可降低地表温度，避免夏季高温季节地膜表面高温灼伤植株。

192. 山地山药怎样采收贮藏?

山药地上部枝蔓叶片枯黄标志着地下部已成熟。一般在10月下旬霜降后开始采收，也可根据植株生长状况和市场需求适当提前采挖，11月份霜冻前采挖结束。过早采收会影响肉质茎着色质量；过迟采收又会使近地表的块茎受冻，使肉质茎发黄变僵，易腐烂，不耐贮藏。采收时，先拆除支架，割去枝蔓，再从畦端开始，按山药的长度挖深沟，并依次细心挖出山药块茎，待整个块根显露后，手握中上部，铲断其表面细根，取出块茎，避免损伤或折断。

山药贮藏温度10～25℃，最适温度16℃，相对湿度75%～

85%。贮藏方法为室内沙藏、山洞贮藏或冷藏，贮藏期应重点做好保温防冻工作，较长时间贮藏时要做到带药贮藏，即用70%甲基硫菌灵600倍液浸种5分钟，凉干后再贮藏。

沙藏：湿度不高的室、窖、库地面上，采用细泥或河沙就地围堆埋藏。用砖砌起高1米左右的埋藏坑，先在坑底铺10厘米经过日晒消毒的干细土或干沙，然后将经挑选、摊晾透的山药平放在土（沙）上，一层山药一层土（沙）堆至离坑口10厘米左右，再用干细土或沙密封。埋藏后一般隔一个月抽样检查一次。注意翻动检查时，要轻拿轻放，不要擦伤块茎的表皮，发现病变的应及时拣出，以防蔓延。

山洞贮藏：利用背风朝阳的南山坡，横向挖一条长5～10米的洞窖，洞径大小根据贮量而定。洞窖底部可垫一层木板隔潮。入窖前，窖内用烟熏法除湿消毒，可用枯枝落叶在窖内燃烧烟熏，余烬可撒在洞窖四周，再用生石灰消毒。在离地30厘米处用木条架床，床上铺稻草，把山药分层堆放在床上，上盖15～30厘米厚沙土。窖温保持10～20℃。当窖温降到10℃以下时，要封闭洞口，谨防冷空气侵入冻伤。若发生腐烂，必须及时剔除，并在窖内撒生石灰消毒。

冷藏：利用废旧板条箱存放山药，箱底部和四边先铺垫四、五层废纸，山药装箱后再用纸盖箱。板条箱码放在冷库，保持库温0～2℃，相对湿度80%～85%，注意通风。

193. 山地山药有哪些主要病害，怎样防治?

山地山药主要病害有炭疽病、褐斑病等。

炭疽病 是山药主要病害，主要危害叶片及藤蔓。以菌丝体和分生孢子在病部或随病残体遗落土中越冬。翌年6月产生大量分生孢子借风雨传播蔓延，气温25～30℃，相对湿度80%易发病。天气温暖多湿或雾大露重有利发病，偏施过施氮肥或植地郁蔽、通风透光不良会使病害加重。一般6月下旬至7月份雨水越多，炭疽病发生越重。防治方法：发病地块实行 2 年以上轮作；病残体应集中收集，并无害化处理，深翻土壤，减少越冬病源菌；采用高架栽培；合理密植，改善通风透光，降低田间湿度；合理施肥，以腐熟有机肥为主，适当增施磷钾肥，防止氮肥过量；播种前用 50%多菌灵可湿性粉剂 500 倍液浸种杀菌；发病初期用 10%苯醚甲环唑水分散粒剂 1 000 倍液，或 250 克/升嘧菌酯悬浮剂 1 000 倍液喷雾防治。

褐斑病　主要为害叶片。以菌丝体在病残体上越冬，翌年春季湿度适宜时，分生孢子借气流传播，初侵染。病斑圆形至不规则形，中间灰白色至褐色，周围常有黄色至暗褐色水浸状晕圈，湿度大时病斑上生有灰黑色霉层。防治方法：轮作；清洁田园；发病初期喷施 65%代森锌 500 倍液喷雾。

194. 山地山药有哪些主要虫害，怎样防治？

山药主要虫害有蛴螬、甜菜夜蛾、茶黄螨等。

蛴螬　主要取食山药的地下部分，啃食块茎，咬断山药根、茎，造成地上部枯萎。5～7 月是蛴螬成虫出土的高峰，可以利用蛴螬成虫较强的趋光性，用杀虫灯诱杀，也可利用蛴螬成虫性信息素诱杀。幼虫对水和低温比较敏感，可通过田间灌水，降低土壤温度来抑制幼虫生长，或在山药采收后进行灌水；冬春深翻，可以将越冬的幼虫、成虫翻至地表，人工捕捉或破坏其生活环境，降低当年害虫基数。化学防治：每亩条施 3%辛硫磷颗粒 1 千克，施后立即浅锄，浇水，兼治蝼蛄等地下害虫。

甜菜夜蛾　初孵幼虫群集叶背，吐丝结网，取食叶肉，留下表皮，成透明小孔。若 7～9 月份天气干旱，雨水偏少，气温偏高，甜菜夜蛾有可能暴发，每亩用 5%甲氨基阿维菌素苯甲酸盐水分散粒剂或微乳剂 50 毫升防治，可有效防控甜菜夜蛾危害。

茶黄螨　以成螨和若螨集中在山药幼嫩部位刺吸汁液。叶片受害后，叶背呈油浸状，并逐渐变成黄褐色，叶缘向下卷曲。受害严重时，植株形成秃尖，生长停滞，高温季节危害重。用1.8%阿维菌素乳油4 000倍液等防治。

195. 马铃薯的生长习性有哪些？

马铃薯是茄科茄属一年生草本植物，通常用块茎繁殖。马铃薯有地上茎、地下茎两部分。地上茎着生枝叶，为植株提供光合产物；地下茎是结薯部位，其腋芽发育成匍匐茎，匍匐茎顶端膨大形成块茎。

马铃薯在较冷凉的气候条件才能开花结实。解除休眠的块茎在4～5℃时就可发根，但生长十分缓慢。幼芽发育最适温度12～18℃，茎叶生长适温18～21℃；气温−2℃时，幼苗易受冻。中低海拔地区生长前期应注意保温，防止冻害发生。块茎形成的最适气温20℃、土温15～18℃。较大的日夜温差有利于块茎的形成和生长。块茎膨大期是马铃薯生长过程中需水量最多的时期。早熟品种出苗15～20天，就应供应充足的水分。但生长后期土壤水分过多，块茎易腐烂。低洼地种植要及时排水，实行高畦栽培。

马铃薯对土壤的适应范围较广，适宜土层深厚、富含有机质、排水透气性好的轻质壤土。土壤pH5.0～6.5为宜。需肥量较大，氮、磷、钾三要素中，需钾肥量最多，其次为氮肥。马铃薯属喜光作物，日照时间长，光照强度大，则块茎大，产量也高。

196. 怎样安排山地春马铃薯生产季节？

春马铃薯200～400米的中、低海拔地区种植，播期以出苗时不受霜冻为宜。山地回春迟，播种时间应比平原地区推迟10天以上，地膜覆盖栽培可比当地露地栽培提前10天播种。浙江山地春马铃薯播期可安排在1月中下旬至2月上旬，采收期为4月下旬至5月上中旬。近年来，大力推广马铃薯高垄双行合理密植、重施基肥、增施磷钾肥、稻草全程覆盖、地膜覆盖及大中棚栽培等实用技术，使马铃薯上市期大大提前。

197. 山地马铃薯种植密度如何掌握？

马铃薯种植密度大小应根据品种特性、生育期、气候条件、土壤肥力和栽培季节等情况而定。早熟品种分枝少，单株产量低，可以适当密植。中晚熟品种，分枝多，叶大而多，可适当稀植。地力较差，种植密度可密一些；肥力较好的田块，应稀植。春提早地膜覆盖栽培，应采用高畦，合理密植；播种前将薯块切成带1～2个芽眼的小块，切口处沾上草木灰，选晴天播种，每畦播植两行，株距25～30厘米，行距40～50厘米，亩栽5 000～5 500株。

198. 山地马铃薯如何施好基肥？

马铃薯栽培应选择土层深厚、质地疏松、排水良好、富含有机质的砂壤土。轮作年限要求3～4年，不能与同科的番茄、茄子及辣椒等作物连作。马铃薯全生育期需要的养分较多，特别是需钾量较大。地膜覆盖栽培的马铃薯施肥以基肥为主，重施有机肥，适时进行追肥，基肥应占总用肥量的70%～80%。由于地膜覆盖栽培追肥不方便，必须在覆盖地膜前一次性施足基肥。通常翻耕时每亩施腐熟有机肥2 000～2 500千克，过磷酸钙30千克，硼砂1.5千克，与土混匀后播种，防止与种薯直接接触。有机肥在分解过程中，释放出大量的二氧化碳，有助于光合作用，并能改善土壤的理化性状，培肥土壤。此外，还需增施草木灰，增加钾元素，改善品质。因此，施足基肥对马铃薯增产起着极其重要的作用。

199. 如何进行马铃薯轻型栽培？

（1）选种　选用优质脱毒种薯，早熟栽培应选用休眠期短、抗晚疫病、早熟高产的品种，如东农303。

（2）种薯切块　种薯宜切块下种，每块种薯不少于20克，留有1～2个芽眼，每亩用种量100～120千克。

（3）整地施肥　种植马铃薯的田块，宜选择土层肥沃疏松、排灌方便的沙壤土。施足基肥，每亩施腐熟有机肥2 000～2 500千克，磷肥30千克，硼砂1.5千克。每亩用辛硫磷0.25千克拌细沙土50千克撒施，防地下害虫；用50%乙草胺100毫升加水50千克喷洒土壤，喷药后半小时覆盖地膜，防杂草。

（4）田间管理　破膜放苗，当子叶出土展开后，选择晴天及时破膜放苗，否则幼苗紧贴地膜易被灼伤。放苗宜在上午8～10时，或下午4时以后进行，放苗时可用小刀在播种穴上方对准幼苗划"十"字口，然后用细潮土封严放苗孔。结薯期可喷施一次根外肥，每亩喷施0.2%磷酸二氢钾溶液50千克，促进薯块膨大。出苗前，结合追肥少量灌水，出苗后注意浇水，保持土壤湿润。当薯苗长到30厘米时，可喷施200毫克/千克多效唑，促进地下部物质积累、块茎膨大，有利于早结薯，提高产量。

（5）稻草免耕覆盖栽培　覆盖厚度8～10厘米的稻草，方向与畦向相同，呈条状分布，稻草头尾相接、厚薄均匀，不留空隙。覆盖稻草后开沟，将沟中泥土敲碎均匀压在稻草上防风。

200. 山地马铃薯有哪些主要病虫害，怎样防治？

马铃薯主要病害有晚疫病、早疫病、病毒病等。晚疫病发现病株及时拔除，发病初期药剂可选用72%霜脲·锰锌可湿性粉剂600倍液，或70%代森锰锌可湿性粉剂600倍液喷雾防治。早疫病发病初期选用64%恶霜·锰锌可湿性粉剂500倍液，或70%代森锰锌可湿性粉剂600倍液，或72%霜脲·锰锌可湿性粉剂600倍液防治，每隔7～10天喷1次，连喷3～5次。病毒病应及时防治蚜虫，药剂可选用1.5%盐酸吗啉胍乳油1 000倍液，或2%宁南霉素水剂250倍液，或40%苦·钙·硫黄可湿性粉剂 500 倍液喷雾防治。虫害主要有蚜虫和蓟马，用 10%吡虫啉可湿性粉剂 2 000 倍液，或 10%烯啶虫胺水剂 2 000 倍液喷雾防治。

四、高效种植模式

201. 山地“越夏菜豆—早春松花菜”种植模式有什么特点?

茬口安排

种类	播种期（月/旬）	定植期（月/旬）	采收期（月/旬）	预期产量（千克/亩）
四季豆	6/中下～7/上直播	/	7/下～10月	2 000
松花菜	1/中下～2/上	2/中下	5/下～6/上中	1 500

适宜区域　适宜海拔高度600米以上的山地，以海拔750～1 200米区域为佳。

技术特点　一是充分利用高海拔山区夏季昼夜温差大的气候优势进行菜豆越夏栽培，利于四季豆养分积累。早春回温迟，有利于松花菜花球形成。二是利用不同种类间蔬菜轮作，较好地克服连作障碍，有利于减少蔬菜土传病害的发生。三是充分利用高海拔山区有限的土地资源，提高单位面积蔬菜生产效益。

202. 山地“夏西瓜—秋菜豆”种植模式有什么特点？

茬口安排

种类	播种期（月/旬）	定植期（月/旬）	采收期（月/旬）	预期产量（千克/亩）
西瓜	5/上中	5月/下～6/上	7/中下	2 200
菜豆	7/下～8/上直播	/	9/上～10/下	1 500

适宜区域 适宜海拔高度300～500米的山地，坡向以南坡最为适宜。

技术特点 一是利用中、低海拔山区中间型气候特点，选择适当时间播种春延后西瓜和秋提前蔓生菜豆，填补7月下旬西瓜以及9月上、中旬蔓生菜豆的市场空缺。二是西瓜采用穴盘育苗以提高栽种成活率，畦面采用黑色地膜或毛草覆盖，起到降温保湿作用。三是四季豆每穴播3～4粒种子，出苗后及时查苗、补苗、间苗，每穴留2～3株健壮苗，注意锈病和炭疽病防治。

203. 山地“夏菜豆—秋南瓜—冬青菜”种植模式有什么特点？

茬口安排

种类	播种期（月/旬）	定植期（月/旬）	采收期（月/旬）	预期产量（千克/亩）
菜豆	4/下直播	/	6/中下～8/上	1 500～2 200
南瓜	6/上	7/上	8/中～10/下	3 000～3 500
青菜	9/下	10/下	11/下～12/下	1 500～3 500

适宜区域 适宜海拔高度400～900米的山地。

技术特点 一是充分利用海拔400～900米区域昼夜温差大、

气候凉爽的优势，为菜豆在7～8月在高温季节生长发育提供必要条件，确保越夏山地菜豆正常生长。二是三种不同种类蔬菜轮作，减少土传病害的发生。三是一次搭架二茬利用，有效降低生产成本。

204. 山地“春提早马铃薯—夏瓠瓜—秋菜豆”种植模式有什么特点?

茬口安排

种类	播种期（月/旬）	定植期（月/旬）	采收期（月/旬）	预期产量（千克/亩）
马铃薯	1/中下直播	/	4/下～5/上	1 500
瓠瓜	4/下	5/上中	6/下～7/下	4 000
菜豆	7/下～8/上直播	/	9/上～10/下	1 500

适宜区域 适宜海拔高度200～500米的中低海拔区域山地。

技术特点 一是冬季采用地膜覆盖提高地温，有效克服冬季低温冻害，确保马铃薯安全越冬。当气温低于0℃时，须加盖小拱棚保温，防止冻害发生。二是利用不同种类间蔬菜接茬栽培，有利于减少蔬菜土传病害的发生。三是充分利用冬季温光资源，提高冬季山地土地利用率。同时，利用前茬瓠瓜棚架资源套种四季豆，减少生产成本，提高蔬菜生产效益。

205. 山地“春马铃薯—夏菜豆—秋冬盘菜”种植模式有什么特点?

茬口安排

种类	播种期（月/旬）	定植期（月/旬）	采收期（月/旬）	预期产量（千克/亩）
马铃薯	2/中直播	/	5/中下	1 500～2 000
菜豆	6～7月直播	/	7/下～9月	1 500
盘菜	8月	9月	10～12/中	2 000

适宜区域 适宜海拔高度500～1 000米的山地，以海拔700米以上为佳。

技术特点 一是充分利用海拔500米以上山区昼夜温差大、夏季气候凉爽的优势，使越夏菜豆在7～9月高温期反季节上市，也有利于秋盘菜提前上市。二是充分利用山区土地资源，提高复种指数和土地利用率。三是利用不同种类蔬菜接茬栽培，有效减轻土传病害的发生。

206. 山地“贝母—辣椒//西瓜”种植模式有什么特点?

茬口安排

种类	播种期（月/旬）	定植期（月/旬）	采收期（月/旬）	预期产量（千克/亩）
贝母	10/中下直播	/	翌年～5/上	200（干）
辣椒	3/下～4/初	5/上中	青椒6/中～9月	青椒2 500
			红椒7/中～10月	红椒1 500
西瓜	4/中下	5/上中	7/中下	2 000

适宜区域 适宜海拔高度300～700米的山地。

技术特点 一是在药材后茬进行瓜菜套栽，充分利用温光和土地资源。辣椒苗移植于畦的两边，单株栽培，株距0.5～0.8米，亩栽1 400～2 200株，迟熟品种稀植，早熟品种则适当密植。二是西瓜播种期随着海拔高度的升高适当推迟，可进行异地嫁接育苗，西瓜苗套种在辣椒行中。西瓜可采收2～3次，于高温期上市可取得良好效益。

207. 山地“大棚嫩生姜—秋甜瓜”种植模式有什么特点?

茬口安排

种类	播种期（月/旬）	定植期（月/旬）	采收期（月/旬）	预期产量（千克/亩）
生姜	1/上摧芽	2/上中	5月～7月	500～1 500
甜瓜	7/上中	7/下	10月	1 500～2 500

适宜区域　适宜海拔高度200～500米的山地。

技术特点　一是大棚设施既确保嫩生姜提前上市，又能为秋甜瓜生长创造良好条件，姜采收可根据市场行情连片或间苗采收。大棚嫩生姜亩栽10 000株。秋甜瓜大棚立架栽培的亩栽1 800株，单蔓整枝；爬地栽培的亩栽800株，双蔓整枝。二是利用不同种类蔬菜接茬栽培，较好地克服连续种植同一类作物引起的连作障碍，有效减轻土传病害的发生。

208. 山地“春豌豆—夏秋茄子”种植模式有什么特点?

茬口安排

种类	播种期（月/旬）	定植期（月/旬）	采收期（月/旬）	预期产量（千克/亩）
豌豆	11/上中直播	/	翌年4/下	600～800（青荚）
茄子	3/上中	5/上中	6/下～11上	5 000

适宜区域　适宜海拔高度200～500米的山地。

技术特点　一是豌豆根瘤菌具有固氮作用，种植一季春豌豆，既可保持和提升土壤肥力，又能提高冬季土地资源利用率。豌豆采取穴播方式，行距30厘米，穴距15厘米，每穴留苗2～

3 株。二是充分利用山地昼夜温差大、夏季凉爽的气候条件种植夏秋茄子，可弥补 7～9 月蔬菜淡季市场供应。三是利用不同种类蔬菜接茬栽培，有效减轻土传病害的发生。

209. 山地“冬春甘蓝—夏秋黄瓜”种植模式有什么特点？

茬口安排

种类	播种期（月/旬）	定植期（月/旬）	采收期（月/旬）	预期产量（千克/亩）
甘蓝	11/上	2/中	5/下～6/上	5 000
黄瓜	6/下～7/上	/	8/上～10/下	4 000

适宜区域 适宜海拔高度 350～500 米的山地。

技术特点 一是利用山区冬春季发展加工甘蓝，夏秋季种植黄瓜供应蔬菜淡季市场，提高土地利用率。二是气温低于 0℃时须采用小拱棚覆盖苗床，加强夜间保温防冻。三是不同蔬菜轮作，可较好地克服连作障碍，有利于减少土传病害的发生。

210. 山地“辣椒//鲜食玉米—越冬榨菜”种植模式有什么特点？

茬口安排

种类	播种期（月/旬）	定植期（月/旬）	采收期（月/旬）	预期产量（千克/亩）
辣椒	2/中下	3/底～4/初	7～10 月	1 500
玉米	5/上直播	/	8/上中	500
榨菜	9/底～10/上	10/底～11/初	次年 4/上	3 500

适宜区域 适宜海拔高度 100～350 米的山地。

技术特点 一是高秆作物玉米与矮秆作物辣椒套种，解决

7～8 月阳光强、易损伤辣椒的问题。二是利用不同种类蔬菜接茬栽培，减少蔬菜土传病害的发生。三是充分利用冬季温光资源，提高土地资源的利用率。

211. “春夏高山甜椒—秋冬青菜”种植模式有什么特点?

茬口安排

种类	播种期（月/旬）	定植期（月/旬）	采收期（月/旬）	预期产量（千克/亩）
甜椒	3/底～4/初	5/上中	7/初～9/下	4 000
青菜	9/初	9/下	10/下～11/下	2 200

适宜区域　适宜海拔高度 600～800 米区域排灌便利的山地。

技术特点　一是利用高海拔山区夏季气候凉爽且昼夜温差大的特点，确保甜椒正常生长和养分积累。二是采用设施保温育苗，有效克服高山早春温度低、气候多变的影响，使甜椒提前育苗栽移，确保其适宜生长时期，从而确保甜椒产量。三是不同种类蔬菜轮作，减少土传病害的发生，同时提高土地利用率。

212. 山地“夏西瓜—秋黄瓜—秋冬青菜”种植模式有什么特点?

茬口安排

种类	播种期（月/旬）	定植期（月/旬）	采收期（月/旬）	预期产量（千克/亩）
西瓜	3/下	4/中下	7/上中	3 000
黄瓜	6/底	7/上中	8/中下	3 000
青菜	9/中	9/下	10/下～11/上中	1 500

适宜区域　适宜海拔高度 320～500 米的山地。

技术特点　一是土壤未发生西瓜枯萎病等土传病害是建立该模式的前提。二是利用小拱棚保温育苗，有效克服春季低温障碍，缓解西瓜生长所需温度不足的矛盾，确保西瓜适宜生长时期，从而促进露地西瓜的正常生育和提前上市。三是充分利用温光和土地资源，从而提高山地蔬菜生产效益。

213. 山地“夏黄瓜//秋菜豆”种植模式有什么特点？

茬口安排

种类	播种期（月/旬）	定植期（月/旬）	采收期（月/旬）	预期产量（千克/亩）
黄瓜	5/下～6/中	/	7/上～9/上	4 000
菜豆	8/上中	/	9/下～11/上	1 000

适宜区域　适宜海拔高度250～450米的山地。

技术特点　一是利用黄瓜和四季豆的生长发育对温度要求的差异建立搭配模式。黄瓜和四季豆虽都属喜温蔬菜，但黄瓜生长要求温度较高，而四季豆要求温度相对较低。中、低海拔山地夏黄瓜于8～9月拉秧，此时正是四季豆播种季节。二是四季豆根瘤具有固氮作用，有利于土壤生态环境的改善。三是利用前茬黄瓜棚架，可免去后茬四季豆的搭架成本。

214. 山地茄子剪枝复壮越夏长季栽培模式有什么特点？

茬口安排

种类	播种期（月/旬）	定植期（月/旬）	采收期（月/旬）	预期产量（千克/亩）
露地春栽	1/下～2/中	4/下～5/上	6/下～7/中	2 800
剪枝再生	利用前茬茄子剪枝再生		8/中～11/中	3 200

适宜区域 海拔 200～400 米区域土层深厚、排灌便利的山地。

技术特点 利用茄子再生能力强、恢复结果快的习性，在初伏期进行茄子剪枝处理，实现一次种植二茬采摘，既能克服夏秋高温高湿及病虫频发等不良环境因子对生长结果性的制约，有效减轻茄子绵疫病的发生；又可缓解上市期集中的压力，促进茄子在夏秋淡季的均衡供应。

215. 山地四季豆再生越夏栽培模式有什么特点？

茬口安排

种类	播种期（月/旬）	定植期（月/旬）	采收期（月/旬）	预期产量（千克/亩）
四季豆	4/上～7/中下	/	6/上～10/中	2 500

适宜区域 海拔 300～1 000 米的山区，以海拔 700～1 000 米为佳，坡向以东北坡至南坡的朝向为好。

技术特点 一是充分利用山地昼夜温差大、夏季凉爽的气候条件，为四季豆在 7～9 月高温季节的生长发育提供必要条件，确保越夏山地四季豆的正常生长和反季节上市。二是利用山地优越的生态环境条件和四季豆容易抽生侧枝的习性，通过及时打顶和追施肥水等措施，促进植株基部侧蔓和腋芽早发旺长，继续开花结荚，实现再生栽培，有效延长产品采摘期，显著提高产量。

216. 如何做好山地蔬菜病虫害综合防治？

蔬菜病虫害防治应遵循“预防为主、综合防治”的原则，采用“以病虫预测预报为基础，优化农业生态环境为核心，有效控制病虫危害和降低农药残留为目标，综合运用农艺、生物、物理防治，科学应用化学防治”的防控策略，提高施药技术，降低蔬菜农药残留和植保防灾风险，保障产品质量安全，促进农业生态环境保护。

山地蔬菜病虫害可采用农业、物理机械、生物、化学等技术防治，实现无公害安全生产。

217. 农业防治措施主要有哪些？

农业防治就是通过科学的栽培管理，创造有利于作物生长发育和有益生物繁殖，不利于害虫、杂草和病原微生物生长发育或传播的环境条件，从而控制、避免或减轻病、虫、草危害的一项综合防治技术。

主要措施：

（1）选用耐病抗虫品种　浙杂502番茄高抗番茄黄化曲叶病毒病，兼抗番茄花叶病毒病、枯萎病；津研7号黄瓜抗枯萎病，津研4号、津研6号抗白粉病，农大12号黄瓜抗霜霉病。

（2）*采用合理的农艺措施* 如山地番茄、辣椒、瓠瓜等蔬菜应用避雨栽培能预防和延缓病害发生。轮作换茬，调整种植茬口，可预防多种土传病害发生。瓜类与非瓜类作物实行 3 年以上轮作，对细菌性角斑病、炭疽病、枯萎病有一定的预防作用；番茄与非茄科作物轮作，对枯萎病、青枯病有一定预防作用；辣椒与瓜类或豆类实行 2～3 年轮作，对炭疽病有一定的抑制作用；大白菜与禾本科作物或非十字花科物实行隔年轮作，可减轻菌核病、黑腐病、白斑病的危害。适当调整蔬菜播种期，避开高温及病虫害发生高峰期，可获得事半功倍的效果。如萝卜病毒病发病程度与播种期有关，播期早发病重，播期晚发病轻。为减轻萝卜病毒病发生，秋萝卜播期应适当推迟。培育壮苗、中耕除草、清洁田园、合理灌溉与施肥等，都能减轻病虫害的发生。

（3）*采用嫁接技术* 番茄、茄子、瓠瓜、黄瓜等嫁接换根，可以有效控制枯萎病等土传病害的发生，提高产量和品质。

218. 物理防治技术有哪些？

物理防治是指利用物理方法及机械设备设施防治病虫害的措施，主要技术有：

（1）*高温杀虫灭菌* ①高温闷棚。在黄瓜霜霉病发生初期，可利用高温闷棚的方法杀死病原菌，同时还可杀死一部分烟粉虱。夏秋季深翻土壤，密闭大棚或在露地用薄膜覆盖畦面，可使棚、膜内温度达 70℃以上，从而自然杀灭病虫。②温汤浸种。用 55℃左右的温水浸种处理 10～15 分钟，如山地番茄、辣椒均可在播前采用此方法。对一些种皮较厚的大粒种如豆类，可在沸水中烫数秒钟捞起晒干贮藏。③干热消毒。在 60℃环境中干热处理青椒种子 3～4 小时，可减轻病毒病发生。干燥的黄瓜或番茄种子在 70℃恒温下处理 72 小时，可使茄果类、瓜类病毒钝化，预防黄瓜枯萎病、黑星病和番茄病毒病，山地蔬菜的晒种也缘于此技术。④农村传统的深挖炕垡，用枝叶、杂草烧烤土壤，冬季利用冰雪覆盖也可以杀灭土壤中的病原菌和虫卵。

（2）诱杀害虫　①频振式杀虫灯。该技术是选用对害虫有极强诱杀作用的光源和波长，引诱害虫靠近扑灯，并通过高压电网杀死或击昏害虫，能诱杀鳞翅目、鞘翅目、双翅目、同翅目等7个目20多个科的200多种害虫，其诱杀成虫益害比为1∶97.6。②糖醋毒液诱蛾。用糖3份、醋4份、酒1份、水2份，配成糖醋液，并在糖醋液内按5%浓度加入90%晶体敌百虫，然后把盛有毒液的钵放在菜地、高出地面1米之处，每亩放糖醋液钵3只，白天盖好，晚上打开，诱杀斜纹夜蛾、甜菜夜蛾、银纹夜蛾、小地老虎等害虫成虫。③毒饵诱杀地下害虫。在幼虫发生期，采集鲜嫩草或菜叶，用菊酯类或非禁用的有机磷农药制成毒饵，于傍晚放置在被害株旁或洒于作物行间，进行毒饵诱杀。④昆虫性信息素诱杀。通过人工合成昆虫性信息素，在田间释放雌虫性成熟后的特殊气味，吸引同种寻求交配的雄虫，将其诱捕，使雌虫失去交配的机会，不能有效地繁殖后代，减少后代种群数量，达到防治的目的。⑤黄板诱虫。利用蚜虫、烟粉虱、美洲斑潜蝇成虫等对黄色有强烈趋性的特点，每亩菜地行间设置20～30块黄板。低矮蔬菜，应将色板悬挂于距离蔬菜上部15～20厘米处；搭架蔬菜，悬挂高度以棚架中部为宜；黄板顺行悬挂，保持板面朝向作物。

（3）防虫网阻隔　防虫网是以人工构建纱帐型的屏障，将害虫拒之网外，达到防虫、防病、保菜的目的。常用24～30目防虫网，可阻隔小菜蛾、菜青虫、斜纹夜蛾、甜菜蛾以及蚜虫、潜叶蝇等害虫。此外，银灰色防虫网结合覆盖银灰色地膜，其反射、折射的光可驱避蚜虫等害虫。

（4）覆盖除草　畦面和畦沟覆盖黑色、灰黑双色地膜，或稻草、稻壳、木屑等有机物，有防除杂草、间接防虫的作用，稻草、稻壳、木屑等在田间腐烂后还能增加土壤中的有机质。

219. 生物防治技术有哪些？

蔬菜害虫生物防治，是利用生物有机体或其代谢产物防治植物病原体、害虫和杂草的方法，其内容包括“以虫治虫”“以菌治虫”“以菌治菌”“病毒治虫”以及其他有益生物、自然或人工合成昆虫激素的利用等。生物防治技术主要有：

（1）*利用天敌防治病虫* 害虫的天敌主要有青蛙、七星瓢虫、草蛉、赤眼蜂、小花蝽、黄缘步甲、寄生蝇等，要注意保护，发挥天敌对害虫的抑制作用。

（2）*利用生物农药防治害虫* 为提高生物农药效果，使用时间宜选择在病虫害未发生或发生初期，一般 16：00～19：00 用药，采取多次全覆盖喷施。遇降雨时，需在雨停两小时后重新喷施；大棚作物可进行低容量喷雾或静电喷雾。①苏云金杆菌生物杀虫剂。对鳞翅目害虫有较好的防治效果，主要用于叶菜类、茄果类、豆类等蔬菜，防治对象为棉铃虫、菜青虫、小菜蛾、玉米螟、烟青虫和豆荚螟等害虫。②抗生素类杀虫杀菌剂。如阿维菌素等杀虫剂，农抗 120、武夷菌素、农用链毒素杀菌剂。③昆虫病毒类剂。如香菇多糖。另外，利用葱蒜类蔬菜体内的抗菌物质，可以杀灭其周围农作物的病菌。

220. 如何提高农药防治效果？

（1）*对症下药，巧选农药* 对症选择高效、低毒、低残留及对天敌杀伤力小的农药，根据病虫抗药性的变化，及时调整农药使用品种，实施不同作用机理药剂的轮换交替使用。根据不同的害虫种类选择对口农药和剂型，以刺吸式口器取食植物汁液的害虫，应选择触杀及内吸作用的农药。对体表有保护物的刺吸式口器害虫，应选择对蜡质有较强渗透作用及触杀作用的农药。对以咀嚼式口器取食作物叶子的害虫，应选择以胃毒作用为主的药剂。

(2) 摸清规律，适期巧施　药剂防治害虫，应掌握在害虫卵孵化盛期或幼虫初龄阶段；病害防治，应掌握在病菌、病毒传播之前，或蔬菜发病初期用药。根据害虫各生育期的不同特点，适时用药。杀虫剂施药适期，应选择在三龄以前的幼虫期；钻蛀性害虫要在卵孵化高峰期施药。针对病害种类不同和病害侵染危害特点，选择适用杀菌剂和适宜的喷药时期、施药方法。如环境温湿度较高时，所用药剂浓度可适当减小；强光下易分解或挥发的药剂，宜在阴天或傍晚时施用。对食叶和刺吸叶汁的害虫，可用喷雾等方法；食根害虫或根系病害，可用灌根的方式防治；大棚及温室设施内，可用烟剂和熏蒸剂等。

(3) 掌握用量，注意均匀　用药方法应根据病虫为害的部位集中防治，如叶背、叶面或基部，采用由上向下或由下向上喷药。用药量以叶片正反面喷药至叶尖有1～2滴水流出为准。药剂浓度按说明书要求配制，不能盲目提高浓度，以免造成药害。

(4) 合理巧混，兼治病虫　农药混配要以能保持原药有效成分或有增效作用，不产生化学反应并保持良好的物理性状为前提。采用正确的混合用药技术，可以达到一次施药控制多种病虫危害的目的。农药混合使用必须遵循以下原则：一是不发生不良的物理化学变化；二是对作物无不良影响；三是不能降低药效。田间现配现用，应当先试验后混用，确保用药安全有效。

221. 哪些农药在蔬菜生产上禁用？

目前国家明令禁止在蔬菜上使用的农药，见下表。

表3　蔬菜生产中禁止使用的农药

农药种类	农药名称	禁用范围	禁用原因
无机砷杀虫剂	砷酸钙、砷酸铅	所有蔬菜	高毒
有机砷杀菌剂	甲基胂酸锌（稻脚青）、甲基胂酸铵（田安）、福美甲胂、福美胂	所有蔬菜	高残留

（续）

农药种类	农药名称	禁用范围	禁用原因
有机锡杀菌剂	薯瘟锡（毒菌锡）、三苯基醋酸锡、三苯基氯化锡、氯化锡	所有蔬菜	高残留、慢性毒性
有机汞杀菌剂	氯化乙基汞（西力生）、醋酸苯汞（赛力散）	所有蔬菜	剧毒、高残留
有机杂环类	敌枯双	所有蔬菜	致畸
氟制剂	氟化钙、氟化钠、氟化酸钠、氟乙酰胺、氟铝酸钠	所有蔬菜	剧毒、高毒、易药害
有机氯杀虫剂	DDT、六六六、林丹、艾氏剂、狄氏剂、五氯酚钠、硫丹	所有蔬菜	高残留
有机氯杀螨剂	三氯杀螨醇	所有蔬菜	含有DDT
卤代烷类熏蒸杀虫剂	二溴乙烷、二溴氯丙烷、溴甲烷	所有蔬菜	致癌、致畸
有机磷杀虫剂	甲拌磷、乙拌磷、久效磷、对硫磷、甲基对硫磷、甲胺磷、氧化乐果、治螟磷、杀扑磷、水胺硫磷、磷胺、内吸磷、甲基异硫磷	所有蔬菜	高毒、高残留
氨基甲酸酯杀虫剂	克百威（呋喃丹）、丁硫克百威、丙硫克百威、涕灭威、灭多威	所有蔬菜	高毒
二甲基甲脒类杀虫杀螨剂	杀虫脒	所有蔬菜	慢性毒性、致癌
拟除虫菊酯类杀虫剂	所有拟除虫菊酯类杀虫剂	水生蔬菜	对鱼虾等高毒性
取代苯杀虫杀菌剂	五氯硝基苯、五氯苯甲醇（稻瘟醇）、苯菌灵（苯莱特）	所有蔬菜	国外有致癌报导或二次药害
苯基吡唑类杀虫剂	氟虫腈（锐劲特）	所有蔬菜	对蜜蜂、鱼虾等高毒
二苯醚类除草剂	除草醚、草枯醚	所有蔬菜	慢性毒性

222. 合理安全用药准则是什么?

(1) 控制安全间隔期　严格按照各种农药使用的安全间隔期要求，在规定间隔期后收获蔬菜，防止人畜食用后中毒。

(2) 交替轮换用药　轮换用药是克服和延缓抗药性的有效办法。杀虫剂，应交替使用作用机理不同的农药，或能降低抗性的不同农药。杀菌剂，应交替使用保护性杀菌剂和内吸性杀菌剂，也可以交替使用不同杀菌机制的内吸杀菌剂。

(3) 改进施用技术　对毒死蜱、三唑磷等易残留超标的农药，以及乙酰甲胺磷、乐果、丁硫克百威等易产生高毒代谢产物农药，应加强替代工作。优先推广应用生物农药和高效低毒、低残留农药，配套集成病虫害绿色防控技术。做到用药量适宜，尽量减少用药次数。病虫发生严重时，按标准规定的最多施药次数还不能达到防治要求的，应更换农药，不可任意增加施药次数和浓度。加快高残留农药替代推广，新农药或当地尚未使用的农药，应先进行试验，才能大面积推广应用。

无公害蔬菜可选用的高效双低（低毒低残留）新农药

杀虫剂：氯虫苯甲酰胺、氟苯虫酰胺、虱螨脲、甲氧虫酰肼、乙基多杀霉素、联苯·噻虫胺、螺虫乙酯等。

杀菌剂：吡唑醚菌酯、啶酰菌胺、氟菌·霜霉威等。

223. 什么是生物农药?

生物农药是指利用生物活体或其代谢产物制成的生物制剂，可以杀灭或抑制农业有害生物。生物活体包括真菌、细菌、昆虫病毒、转基因生物、天敌等，其代谢产物主要有信息素、生长素、萘乙酸、2，4-D等。应用生物农药，重在“治标又治本”，在短时间内高效、高质量、快速地施药，是保障生物农药使用效果的关键。用药以预防为主，喷药要多次全覆盖，以傍晚喷药为妥；若用药后两小时内下雨，需重新喷施。

介绍：生物益虫

利用天敌生物治理害虫，以食虫昆虫、食虫动物防治害虫。瓢虫捕食蚜虫、介壳虫类，草蛉、食蚜蝇幼虫捕食蚜虫，步行虫捕食鳞翅目幼虫，六点蓟马捕食红蜘蛛。

224. 什么是农药使用的安全间隔期？

农药使用的安全间隔期，是指最后一次施药至收获农作物前的区间时段，即自喷药到代谢后，其残留量降解至最大允许残留量所需的间隔时间。在实际生产中，最后一次喷药距离收获的间隔时间必须长于推荐的安全间隔期，不允许在安全间隔期内收获作物。应特别注意，阴雨天及设施避雨栽培田块安全间隔期须适当延长，确保上市产品质量安全。

225. 农药在购买、贮存、使用上应注意什么？

购买农药时，须看三证（农药登记证、生产许可证、产品质量标准证）是否齐全，是否在保质期内。农药应放置在阴凉干燥处贮藏。

（1）购买　①不要贪图便宜，尽量购买正规厂家的产品。②尽量到技术指导机构或专营机构买药，不要私自从集市等地方随意买药。③对作物病虫害种类及防治方法不熟悉的情况下，可携带样品到植保等相关部门鉴别鉴定，咨询药剂的使用方法。

（2）贮存　要仔细阅读说明书，一次性未用完的药品，要把瓶盖重新拧紧，或是把包装袋封好后存放。贮存时，应考虑确保农药性状稳定和人身及其他物品的安全，尤其要避免儿童接触。

（3）使用　①务必咨询技术人员，掌握正确的使用方法，包括注意事项，如2，4-D丁酯等除草剂要专用喷雾器等。②控制农药用量，不任意增加浓度和次数，以免产生药害，得不偿失。③注意施药人身安全，不用手直接接触药剂，尤其在夏天，不赤膊打药，做好安全防护措施。④不在水源附近对药，不随意丢弃药品包装。

226. 怎样掌握好用药浓度？

为充分发挥药效，必须严格按规定使用化学农药。一是严控药量。生产中要根据面积和标签上推荐的使用剂量计算用药量。二是合理配药。应采用“二次法”稀释农药。①水稀释的农药：先用少量水将农药制剂稀释成“母液”，然后再将“母液”稀释至所需要的浓度。②拌土、沙等撒施的农药：应先用少量稀释载体（细土、细沙、固体肥料等）将农药制剂均匀稀释成“母粉”，然后再稀释至所需要的用量。

农药配比浓度倍数转换表

表4

稀释浓度	15千克水加药量（克或毫升）	50千克水加药量（克或毫升）
100倍液	150	500
200倍液	75	250
300倍液	50	167
500倍液	30	100
600倍液	25	83
800倍液	18.75	62.5
1 000倍液	15	50
1 200倍液	12.5	41.7
1 500倍液	10	33.3
2 000倍液	7.5	25
2 500倍液	6	20
3 000倍液	5	16.7

227. 怎样合理混合使用农药？

药剂合理混用，可以提高药剂防治的效果和速效性，但必须坚持“现用现配，不宜久放”和“先分别稀释，再混合”的原则，如先行小范围试验更好。同时要注意以下三点：一是不改变物理性状，即混合后不能出现浮油、絮结、沉淀或变色，也不能出现发热、产生气泡等现象。二是不引起化学变化。包括许多药剂不能与碱性或酸性农药混用，在波尔多液、石硫合剂等碱性条件下，氨基甲酸酯、拟除虫菊酯类杀虫剂，福美双等二硫代氨基甲酸酯类杀菌剂易发生水解或复杂的化学变化，从而破坏原有结构。除了酸碱性外，很多农药不能与含金属离子的药物混用，如甲基硫菌灵、硫菌灵会与铜离子结合而失去活性；微生物农药不能与杀菌剂混用。三是在保证正常发挥各自原有药效的前提下，尽可能考虑互补效果。如复配杀虫、杀菌甚至除草剂，兼治同时发生的多种病虫草害，或混用不同杀菌剂，扩大防治对象，达到减少施药次数的目的；混合速效性和持效期的药剂，如菊酯或阿维菌素混用；作用机制不同（无交互抗性）的药剂混用，既可起到延缓抗药性上升的作用，也可提高防治效果。

蔬菜枯萎病、青枯病防治方法

(1) 合理轮作，在推广抗病品种的基础上，采用嫁接栽培。

(2) 种子要求播前晒种和药剂消毒等方式处理，苗床提早土壤消毒，消除菌源；尽量采用无菌新土或基质育苗。

(3)抑制病菌繁衍蔓延。移栽前深翻土壤并结合施生石灰调节土壤酸碱度，移栽后及时处理发病植株并消毒；

沟灌时，灌溉用水避免流经发病田块。

（4）药剂防治。瓜类作物枯萎病在田间零星发病时，选用77%可杀得可湿性粉剂、20%枯菌克水剂、恩泽霉乳油灌根，药剂兑水稀释后浇根，每穴浇灌200毫升。茄子青枯病可用20%叶枯唑粉剂可湿性粉剂500倍液+72%农用链霉素可湿性粉剂3 200倍液灌根+喷施防治。番茄青枯病可选用72%新植霉素、72%农用链霉素、77%可杀得可湿性粉剂、20%龙克菌干悬浮剂等药剂在发病初期灌根，连续灌2～3次。

附录：山地蔬菜病虫害防治推荐药方

蔬菜病虫害防治药方推荐表

序号	病虫害	通用名	常见品种及每背包水（12.5千克）用药量	备注	安全间隔期（天）	每季作物最多使用次数
1	蔬菜蚜虫	1. 吡虫啉	10%吡虫啉 WP（6.7克）	在蚜虫初发时用药（豆类瓜类对吡虫啉敏感，易药害）。	7	2
		2. 吡丙醚	10%吡丙醚 EC（15.6毫升）	在蚜虫初发时用药。	7	2
		3. 啶虫脒	3%啶虫脒 ME（13.3～16.7毫升）	在蚜虫初发时用药。	8	3
		4. 吡蚜酮	25%吡蚜酮 WP（6～6.7克）	在蚜虫初发时用药。	7	1
2	甜菜夜蛾与斜纹夜蛾	1. 银纹夜蛾核型多角体病毒	10亿 PIB/毫升奥绿1号 SC（15.6毫升）	生物制剂，属无公害药剂。效果好，防治高龄虫时加敌敌畏或高效氯氰菊酯可提高速效性。	3	2
		2. 甲氨基阿维菌素苯甲酸盐	1%甲氨基阿维菌素苯甲酸盐 EC（5毫升）	在1～2低龄幼虫时用药。	7	2
		3. 阿维菌素	2%新科 ME（6.25毫升）	同上。	7	1
		4. 茚虫威	15%安打 SC（3.6毫升）	同上。防治高龄虫与速效药剂混用可提高速效性效果。	5	2

（续）

序号	病虫害	通用名	常见品种及每背包水（12.5千克）用药量	备注	安全间隔期（天）	每季作物最多使用次数
2	甜菜夜蛾与斜纹夜蛾	5. 虫螨腈	20%虫螨腈 SC（12.5毫升）	同上。防治高龄虫与速效药剂混用可提高速效性。	14	2
		6. 阿维·杀单	20%绿得福 ME（12.5毫升）	在低龄幼虫期使用，在瓜类、豆类作物上慎用。	7	2
		7. 虱螨脲	5%美除 EC（12.5毫升）	在低龄幼虫期使用。	5	2
		8. 氯虫苯甲酰胺	5%杜邦普尊（8.3毫升）	在低龄幼虫期使用。	1	2
3	小菜蛾和菜青虫	1. 氯虫苯甲酰胺	5%杜邦普尊（8.3毫升）	在低龄幼虫期使用。	1	2
		2. 甲氨基阿维菌素苯甲酸盐	1%菜健 EC（3.3～6.7克）	甲氨基阿维菌素苯甲酸盐类农药在虫害初发生时防治	7	2
		3. 印楝素	0.3%印楝素 EC（15.6毫升）	在低龄幼虫期使用。	1～3	2
		4. 多杀霉素	3%菜喜 ME（3.1～3.6毫升）	在低龄幼虫期使用。	1	3
		5. 阿维菌素	2%新科 ME（4.2～5毫升）	在低龄幼虫期使用。	7	1
		6. 阿维·杀铃脲	5%阿维·杀铃脲 SC（20毫升）	在低龄幼虫期使用。	7	1
		7. 氟虫脲	5%氟虫脲 EC（6.25毫升）	在低龄幼虫期使用。	10	1
		8. 氟啶脲	5%抑太保 EC（6.25毫升）	在低龄幼虫期使用。	7	3
		9. 丁醚脲	25%丁醚脲 DF（4.2毫升）	防治高龄幼虫。	7	2

（续）

序号	病虫害	通用名	常见品种及每背包水（12.5 千克）用药量	备注		安全间隔期（天）	每季作物最多使用次数
4	蔬菜蓟马	1. 吡虫啉	10%吡虫啉 WP（6.25 毫升）	在始发生期用药。	防治时需喷施作物以外的地面、大棚、栏杆等。	7	2
		2. 啶虫脒	3%啶虫脒 ME（4.2 毫升）	在始发生期用药。		2	2
		3. 吡丙醚	10%吡丙醚 EC（15.6 毫升）	在蚜虫初发时用药。		7	2
5	蔬菜地下害虫	1. 氟氯氰菊酯	5.7%氟氯氰菊酯 EC（7.7～9.7 毫升）	拌土行侧开沟施药或撒施，然后覆土。		7	2
		2. 辛硫磷	3%辛硫磷 WNG（4～5 千克/亩）	同上。瓜类、豆类对辛硫磷敏感		7	2
		3. 氯氟氢菊酯	2.5%氯氟氢菊酯 EC（8.3～16.7 毫升）	拌土行侧开沟施药或撒施，然后覆土。		7	3
6	黄条跳甲和猿叶甲	1. 敌敌畏	80%敌敌畏 EC（10.4 毫升）	在始发生期用药。瓜类、大豆、玉米对该药敏感。		7	2
		2. 氯氰菊酯	18.1%富锐 EC（8.3 毫升）	同上。		7	2
7	菜地蜗牛	甲萘威+四聚乙醛	6%蜗克星 G（0.5 千克/亩）	于傍晚施于蔬菜行间，每隔一米左右施放一堆，每堆约 30～40 粒。		5	2
8	美洲斑潜蝇	1. 甲氨基阿维菌素苯甲酸盐	1%莱健 EC（4.2 毫升）	始发期（出现少量虫道）用药。		7	2

（续）

序号	病虫害	通用名	常见品种及每背包水（12.5千克）用药量	备注	安全间隔期（天）	每季作物最多使用次数
8	美洲斑潜蝇	2. 灭蝇胺	50%灭蝇胺 WP（5～6.25毫升）	始发期（出现少量虫道）用药。	7	2
		3. 氯氟氢菊酯	2.5%氯氟氢菊酯 EC（8.3～16.7毫升）	同上。	7	3
9	豆荚螟和豆野螟	1. 氯虫苯甲酰胺	5%氯虫苯甲酰胺（5毫升）	花始盛期用药，用药时要对准花苞和谢落地面上落花喷雾，每开一批花喷一次药。喷药后要注意安全间隔期。（傍晚喷效果好）	5	2
		2. 甲氨基阿维菌素苯甲酸盐	（1%菜健 EC）2 000～2 500倍液		7	2
		3. 茚虫威	15%安打 SC（3.1毫升）		1	2
10	烟粉虱	1. 烯啶虫胺	10%烯啶虫胺 AS（10毫升）	7天用药1次，连续用2～3次。	7	2
		2. 啶虫脒	3%啶虫脒 ME（13.3～16.7毫升）	在蚜虫初发时用药。	8	3
		3. 吡丙醚	10%吡丙醚 EC（15.6毫升）	在蚜虫初发时用药。	7	2
		4. 吡虫啉	70%艾美乐 WDG（1.8毫升）	应交替使用农药，同一药剂不得连续施用两次。	7	2
			10%蚜虱净烟剂（300克/亩）	在初发生时使用，间隔2～3天用一次，连续使用2～3次。对中小型棚子较好，对连栋（体）大棚效差（主要是空间大，用药量也要大）。	7	2
		5. 哒螨灵·异丙威	12%哒·异烟剂（300克/亩）		7	2

（续）

序号	病虫害	通用名	常见品种及每背包水（12.5千克）用药量	备注	安全间隔期（天）	每季作物最多使用次数
11	红蜘蛛	1. 哒螨灵	15%扫螨净 EC（5毫升）	始发期用药。	7	2
		2. 阿维菌素	1.8%阿维菌素 EC（4.2毫升）	始发期用药。	7	1
		3. 炔螨特	73%克螨特 EC（4.2～6.25毫升）液	始发期用药。	7	2
		4. 螺螨酯	24%螨危 SC（2.1～3.1毫升）	始发期用药。	7～10	3
		5. 虫螨腈	20%虫螨腈 SC（12.5毫升）	始发期用药。	14	2
12	豆类作物蝽	1. 氟氯氰菊酯	5.7%天王百树 EC（6.25～8.3毫升）	在成虫、若虫发生初期用药。	7	2
		2. 灭多威	24%灭多威 AS（6.25毫升）	同上。	7	2
13	作物蝗虫蟋蟀	氟氯氰菊酯	5.7%天王百树 EC（8.3～12.5毫升）	发生初期用药。	7	2
14	茄果类瓢虫	1. 辛硫磷	50%辛硫磷 EC（12.5毫升）	在幼虫分散前及时用药。	7	3
		2. 氯氰菊酯	20%氯氰菊酯 EC（2.1毫升）	在幼虫分散前及时用药。	5	3
		3. 高效氯氰菊酯	20%高氯・马 EC（2.5毫升）	在幼虫分散前及时用药。	14	2

（续）

<table>
<tr><th>序号</th><th>病虫害</th><th>通用名</th><th>常见品种及每背包水（12.5千克）用药量</th><th colspan="3">备　注</th><th>安全间隔期（天）</th><th>每季作物最多使用次数</th></tr>
<tr><td rowspan="2">15</td><td rowspan="2">茭白二化螟</td><td>1. 氯虫苯甲酰胺</td><td>5%杜邦普尊（8.3毫升）</td><td colspan="3">在低龄幼虫期使用。</td><td>1</td><td>2</td></tr>
<tr><td>2. 银纹夜蛾核型多角体病毒</td><td>10亿 PIB/毫升奥绿1号 SC（15.6毫升）</td><td colspan="3">生物制剂，属无公害药剂。效果好，防治高龄虫时加敌敌畏或高效氯氰菊酯可提高速效性。</td><td>3</td><td>2</td></tr>
<tr><td rowspan="11">16</td><td rowspan="11">各类作物白粉病</td><td rowspan="2">1. 醚菌酯</td><td>50%醚菌酯 DF（6.25毫升）</td><td colspan="2" rowspan="2">易产生抗药性，应与其它药剂交替使用。</td><td rowspan="11">增施磷钾肥和加强作物肥水管理对白粉病的防治有利。</td><td>10～14</td><td>3</td></tr>
<tr><td>30%百美 WP（12.5毫升）</td><td>10～14</td><td>3</td></tr>
<tr><td>2. 烟酰胺</td><td>50%烟酰胺 WDG（6.25毫升）</td><td colspan="2">始发期用药。</td><td>7</td><td>2</td></tr>
<tr><td>3. 乙嘧酚</td><td>25%乙嘧酚 DF（15.63毫升）</td><td colspan="2">始发期用药。</td><td>7</td><td>2</td></tr>
<tr><td>4. 苯醚甲环唑</td><td>10%苯醚甲环唑 EC（8.3毫升）</td><td colspan="2">控制使用量，不能任意加大用药量。</td><td>7～10</td><td>2～3</td></tr>
<tr><td>5. 氟硅唑</td><td>40%福星 EC（1.56～2.1毫升）</td><td colspan="2">幼弱植株用8 000倍液。</td><td>7～10</td><td>2</td></tr>
<tr><td>6. 三唑酮</td><td>15%三唑酮 EC（8.3毫升）</td><td colspan="2">发病初期用药，草莓对该药敏感。</td><td>7</td><td>2</td></tr>
<tr><td>7. 吡唑醚菌酯</td><td>25%凯润 EC（6.25毫升）</td><td colspan="2">发病初期用药。</td><td>7～14</td><td>3～4</td></tr>
<tr><td>8. 四氟醚唑</td><td>4%朵麦可 AS（10～16.7毫升）</td><td colspan="2">对醚菌酯产生抗药性的地区用此药较好或与醚菌酯交替使用，以延缓抗药性的产生。</td><td>10～14</td><td>1</td></tr>
<tr><td>9. 丙森锌</td><td>70%惠盛 WP（21毫升）</td><td rowspan="2">适合吊瓜等瓜类作物上使用。</td><td rowspan="2">2007年试验效果较好，可兼治其它病害。</td><td>7～10</td><td>4～5</td></tr>
<tr><td>10. 腐・己唑醇</td><td>16%速福 WP(12.5～15.6毫升)</td><td>10</td><td>2</td></tr>
</table>

（续）

序号	病虫害	通用名	常见品种及每背包水（12.5千克）用药量	备注	安全间隔期（天）	每季作物最多使用次数
16	各类作物白粉病	11. 烯唑醇	25%优库 EW（4.2毫升）	在病害初发时使用，隔5～7天喷一次。	7	3
		12. 氟菌唑	30%氟菌唑 WP（6.25毫升）	在病害初发时使用，隔5～7天喷一次。	1	2
17	各类作物霜霉病	1. 甲霜灵	25%甲霜灵霜霉威 WP（8.3毫升）	在病害初发时使用，隔5～7天喷一次，根据天气与病情发展用2～3次。	7	2
		2. 霜脲·锰锌	72%霜脲·锰锌 WP（21毫升）	同上。	7	3
		3. 恶唑菌酮·霜脲氰	52.25%抑快净 WP（6.3毫升）	同上。	7	2
		4. 代森联	70%品润 DF（25毫升）	同上。	4	3
		5. 代森锰锌	80%代森锰锌 WP（17.9～21毫升）	同上。	15	2
		6. 烯酰·铜	25%烯酰·松脂酮 EW（25毫升）	同上。	7～14	2
		7. 吡唑醚菌酯	25%凯润 EC（6.25毫升）	具有治疗与保护双重作用。	7～14	3～4
		8. 烯酰吗啉	30%优润 SC（12.5毫升）	同上。	7	2

（续）

序号	病虫害	通用名	常见品种及每背包水（12.5千克）用药量	备注	安全间隔期（天）	每季作物最多使用次数
18	各类作物灰霉病、菌核病	1. 腐霉利	50%速克灵 WP（6.25～12.5毫升）	在病害发生初期使用，注意轮换用药。（蔬菜幼苗对腐霉利敏感）	3	1
		2. 代·多·异菌脲	75%好速净 WP（90～120克/亩）	同上。	7	2
		3. 嘧霉胺	30%施美特 SC（12.5毫升）	发病初期用药。	5	2
		4. 乙烯菌核利	50 %农利灵 DF（8.3毫升）	同上。	4	2
		5. 腐霉利	50%腐霉利 WP（6.25毫升）	同上。（蔬菜幼苗对腐霉利敏感）	3	1
		6. 烟酰胺	烟酰胺 50% 烟酰胺 WDG（6.25毫升）	同上。	7	2
19	各类作物炭疽病	1. 咪鲜胺	45%咪鲜胺 EC（4.2毫升）	在病害发生初期使用。注意轮换用药。	7	2
		2. 多·福美双	80%炭疽福美 WP（15.6毫升）	同上。	7	2
		3. 甲基硫菌灵	70%甲基托布津 WP(17.9毫升)	同上。	5	2
		4. 代森联	70%品润 DF(10.4～15.6毫升)	预防效果佳，用药要早。	4	3
		5. 吡唑醚菌酯	25%凯润 EC（6.25毫升）	具有治疗与保护双重作用。	7～14	3～4
		6. 苯醚甲环唑	10%苯醚甲环唑 G（100克/亩）	登记为炭疽病防治药剂。（使用时要控制浓度，不能超量使用）	7	2～3

（续）

序号	病虫害	通用名	常见品种及每背包水（12.5千克）用药量	备注	安全间隔期（天）	每季作物最多使用次数
20	瓜类作物枯萎病	1. 氢氧化铜	77%氢氧化铜101WP（25毫升）	灌根。	5	3
		2. 洛氨铜·锌	20%枯菌克AS（21～25毫升）	同上。在田间零星发病时，用枯菌克兑水后浇根，每穴浇灌200毫升。	7	2
		3. 丙烷脒	恩泽霉EC（8.3毫升）	同上。	7	2
21	瓜类与茄果类立枯病和猝倒病	1. 霜霉威	72%霜霉威WP（31.2毫升）	发病初期用药。	7～14	2～3
		2. 霜脲·锰锌	72%霜脲·锰锌WP（21毫升）	发病初期用药。	7	3
		3. 精甲霜灵·锰锌	68%精甲霜锰锌水分散粒剂（15.6～21毫升）	发病初期用药。	3	3
		4. 代森锰锌	80%代森锰锌M-45WP（21毫升）	发病初期用药。	15	2
		5. 多菌灵·福美双	30%苗菌敌WP（）	发病初期用药。	8～10	2

（续）

序号	病虫害	通用名	常见品种及每背包水（12.5千克）用药量	备　注	安全间隔期（天）	每季作物最多使用次数
22	番茄与茄子早疫病	1. 乙烯菌核利	50%农利灵 WP（12.5毫升）	发病初期用药。	5	2
		2. 代森联	70%品润 DF（21～25毫升）	发病初期用药。	4	3
		3. 异菌脲	50%扑海因 DF（12.5毫升）	发病初期用药。	10	1
		4. 代森锰锌·碱式硫酸铜	78%科博 WP（21毫升）	发病初期用药。	10	3
		5. 代森锌	65%代森锌 WP（25毫升）	发病初期用药。	15	3
23	西瓜蔓枯病	1. 霜霉威	72%霜霉威 WP（31毫升）	在病害发生初期使用，注意轮换用药。	7～14	2～3
		2. 苯醚甲环唑	10%苯醚甲环唑 WP（12.5毫升）	要控制使用浓度，浓度过高易产生药害。	7	2～3
		3. 甲基托布津	50%甲基托布津 WP（12.5毫升）	要控制使用浓度，浓度过高易产生药害。	7	2～3
24	番茄叶霉病	1. 代森联	70%品润 DF（21～25毫升）	发病初期用药。	4	3
		2. 异菌脲	50%扑海因 DF（12.5毫升）	发病初期用药。	10	1
		3. 氟硅唑	40%福星 EC（2.1毫升）	发病初期用药。	21	2

（续）

序号	病虫害	通用名	常见品种及每背包水（12.5千克）用药量	备注	安全间隔期（天）	每季作物最多使用次数
25	番茄晚疫病	1. 代森联	70%品润DF（21～25毫升）	发病初期用药。	4	3
		2. 霜脲腈·锰锌	72%克露WP（21毫升）	发病初期用药。	7	3
		3. 精甲霜灵·锰锌	68%金雷WDG（15.6～21毫升）	发病初期用药。	3	3
		4. 霜霉威盐酸盐	72.2%普力克AS（21毫升）	发病初期用药。	7	2
		5. 恶霜·锰锌	64%杀毒矾WP（25毫升）	发病初期用药。	3	3
26	茭白胡麻斑病	1. 咪鲜胺	25%施保克EC（8.3毫升）	发病初期用药。	7～10	2～3
		2. 三环唑	20%三环唑WP（21毫升）	发病初期用药。	21	2
		3. 异菌脲	50%扑海因WP（15.6～21毫升）	发病初期用药。	10	1
27	慈菇黑粉病	1. 代森锰锌·碱式硫酸铜	78%科博WP（21毫升）	发病初期用药。	10	3
		2. 三唑酮	15%三唑酮WP（21毫升）	发病初期用药。	7	2
		3. 福美双	50%福美双WP（25毫升）	发病初期用药。	7	1

（续）

序号	病虫害	通用名	常见品种及每背包水（12.5千克）用药量	备注	安全间隔期（天）	每季作物最多使用次数
28	莲藕腐败病	1. 噻菌灵	45%特克多DF（12.5毫升）	地下部分亩用20～30千克干土拌匀撒入，地上部分喷雾防治。	10	1
		2. 丙环唑	25%敌力脱EC（12.5毫升）	同上（大多数蔬菜对丙环唑敏感）。	7	2
		3. 多菌灵	50%多菌灵WP（1 000倍液）	同上。	5	2
29	番茄青枯病	1. 新植霉素	72%新植霉素（3.1毫升）	发病初期灌根	7	3
		2. 链霉素	72%农用链霉素（3.1毫升）	发病初期灌根	7	3
		3. 氢氧化铜	77%可杀得WP（25毫升）	发病初期灌根	5	3
		4. 噻菌酮	20%龙克菌DF（21毫升）	发病初期灌根	10	3～4
		5. 碱式硫酸铜/波尔多粉	80%必备WP（21～25毫升）	发病初期灌根，白菜对该药敏感。	7	3
		6. 中生霉素	3%中生霉素（16.7毫升）	发病初期灌根	5	3
30	白菜类软腐病和花菜黑腐病	1. 宁南霉素	8%菌克毒克AS（12.5～15.6毫升）	发病初期喷淋或灌根。	7～10	1～2
		2. 噻菌酮	20%龙克菌DF（21毫升）	发病初期喷淋或灌根。	10	3～4
		3. 碱式硫酸铜	80%必备AS（31毫升）	发病初期喷淋或灌根。	7	3

（续）

序号	病虫害	通用名	常见品种及每背包水（12.5千克）用药量	备注	安全间隔期（天）	每季作物最多使用次数
30	白菜类软腐病和花菜黑腐病	4. 春蕾霉素·氧氯化铜/春·王铜	47%加瑞农 AS（16.7毫升）	发病初期喷淋或灌根。	7～10	1～2
31	各类蔬菜病毒病	1. 吗啉胍·乙铜	20%康润1号（15.6毫升）	结合防治同翅目害虫预防。在发病初期，用20%康润1号与0.04%云薹素内酯合用，可大幅度提高病毒病的防治效果。	7	4
		2. 吗啉胍·羟烯	10%镓泰（12.5毫升）	发病初期使用，可结合喷施叶面肥。	7	2
		3. 宁南霉素	4%菌克毒克 AS（6.25毫升）		7～10	1～2
			8%菌克毒克 AS（12.5毫升）		7	2
		4. 十二烷硫酸钠+硫酸铜。三十烷醇	1.5%植病灵乳剂（15.6毫升）		10	2
32	根结线虫病	1. 阿维菌素	2%新科 ME（6.25毫升）	浇根防治。	7	1
		2. 辛硫磷	3%辛硫磷 WNG（4～5千克/亩）	沟施防治。拌土行侧开沟施药或撒施，然后覆土，防止药剂直接接触根部。瓜类、豆类对辛硫磷敏感。	17	1

剂型代号说明：WP—可湿性粉剂，WDG—水分散颗粒剂，SC—胶悬剂，SP—可溶性粉剂，EC—乳油剂，EW—水乳剂，ME—微乳剂，G—颗粒剂，DF—干悬浮剂，AS—水剂。

注：秋冬季节常用农药的安全间隔期应延长1～2天；设施避雨栽培常用农药的安全间隔期应延长1～2天

附图：山地蔬菜栽培情况

山地茄子应用“微蓄微灌”技术

山地茄子剪枝复壮再生栽培

山地茄子收获

山地菜豆应用“微蓄微灌”技术

山地番茄设施避雨栽培

山地蔬菜设施避雨栽培

山地蔬菜设施避雨栽培

山地菜豆基地

山地菜豆基地

山地菜豆

山地茭白基地

山地山药基地

主要参考文献

杨新琴 . 2012. 蔬菜生产知识读本 [M] . 杭州：浙江科学技术出版社 .

赵建阳 . 2008. 蔬菜标准化生产技术 [M] . 杭州：浙江科学技术出版社 .

浙江省农业科学院园艺所 . 1994. 浙江蔬菜品种志 [M] . 杭州：浙江大学出版社 .

李曙轩 . 1979. 蔬菜栽培生理 [M] . 上海：上海科学技术出版社 .

杨新琴，赵建阳 . 2010. 蔬菜高效种植模式集萃 [M] . 杭州：浙江科学技术出版社 .

俞晓平，陈建明 . 2007. 茭白高效安全生产大全 [M] . 北京：中国农业出版社 .

吴国兴，张真和 . 1995. 豆类蔬菜生产 150 问 [M] . 北京：中国农业出版社 .

何建清 . 2010. 丽水农作制度创新与实践 [M] . 北京：中国农业出版社 .

康小湖 . 1991. 大豆栽培与病虫防治 [M] . 北京：金盾出版社 .

刘洪 . 2010. 中国水生蔬菜基地成果集锦 [M] . 北京：中国农业出版社 .

胡美华，陈能阜 . 2014. 茭白全程标准化操作手册 [M] . 杭州：浙江科学技术出版社 .